科学修订版

昆虫漫话

陶秉珍 著

中国华侨出版社
·北京·

果麦文化　出品

出版说明

　　《昆虫漫话》首次出版于 1935 年，此后八十多年里，昆虫分类学发展、变动颇大，汉语言文字使用也有了新的规范。因此，本书主要从知识的准确性、生物插图、语言文字规范等方面做了一系列科学修订。为给读者提供流畅的阅读体验，书中未采用一一注释的方式来体现修订工作，主要以绿色字体突出显示编校者对相关科学知识的更新、增补、订正。

　　具体修订内容如下：

　　第一，特别邀请上海师范大学生命科学学院副教授、大城小虫工作室联合创始人汤亮，依据昆虫学最新研究成果、数据、规范，对全书进行修订，包括逐一查证全书物种的中文名、拉丁学名，更新原作中的旧数据以及部分知识内容的阐述。如将原作中的"阿苦利恶气泼斯阿尔玛兹"改为"具刺潜水蜂"，修订了原作中虻和蝇混为一科的阐述，等等。

　　第二，新增高清插图 174 张，以帮助读者准确辨识昆虫形态及理解相关知识。图片来源主要有对原作黑白图的扫描重制、汤亮老师的摄影作品、维基共享资源（Wikimedia Commons）收藏和视觉中国等，详见书末"图片来源列表"。

第三，针对当代读者的阅读习惯，对原作的语言文字进行了部分修订，将废弃不用的旧计量单位改为规范的计量单位，将个别易引发误解的旧式词汇、语句，换成符合现代汉语规范的通俗表达。如"公分"改为"厘米"，"卵子"改为"卵"，等等。

第四，从科普知识的科学性、准确性、时代性角度，对原作中的个别篇目进行了删减，如"第一章　蜂"的《蜂类的进步》篇目中的部分内容、"第三章　蝶"的《神话》篇目、"第十一章　螳螂"的《同类相残的惨剧》篇目、"第十三章　蚤"的《口器》《驱除法》篇目和《蚤和鼠疫》篇目中的部分内容等。

最后，昆虫学发展日新月异，书中不足之处，欢迎各位读者朋友指正。

本书编者

序

　　全世界共生存着超过八百万种生物，昆虫约占了一百万种。它们的种类这么繁多，对我们的影响更是巨大：看看振翅枝头的蝶、高唱柳梢的蝉，好像都是和平的舞手、歌人，谁知它们曾有过阻拦火车，大毁森林的事迹？像蚊子散布的疟疾，竟是促成古罗马衰亡的因素之一；跳蚤传播的鼠疫，竟使欧洲人口减少四分之一，这些更是大家都知道的。

　　而且，在我们未发明木材造纸的方法之前，胡蜂早就会用朽木制造黄板纸似的巢了；混凝土是近代才发明的建筑材料，但蜾蠃（guǒ luǒ）造巢时，早就会调制使用了；蜜蜂能应用六角形的自然法则，造面积和材料最经济的巢。可见昆虫也有奇妙的才能。

　　至于像各尽所能，各取所需，没有懒汉，没有内乱的蜂群列阵阶前，勇于公战的蚁群，更有不少值得人类社会借鉴的地方。

　　昆虫，不仅种类繁多，对人类有重大影响，具有奇妙的才能，而且它们的社会组织，又有高出人类之处，所以研究昆虫，实在是一件有必要而又有趣的事。

　　我在少年时代，常因接近昆虫而遇到种种奇象。例如：两只蜻蜓，各自"咬"住对方的尾巴，打了箍在空中飞翔；挂在树干上的蝉蜕，肢体俱全，恰恰少了两对翅；教科书上虽说蝇类是卵生的，但拍死一只麻蝇，偏偏满肚子是蛆；此外像螳螂无头，还会交尾；蚁类行动，仿佛收到号令……这种种现象，都使我产生疑问。我知道你们在游玩时，也常有和昆虫接近的机会，也许同样会遇到这等奇象，产生这类疑问！所以本书除为了引起你们研究昆虫的兴趣，把关于昆虫的新鲜记述做简单的介绍外，对于这些现象，也都想给出一种合理的解释。

昆虫的名字，大部分采用我国固有的——包括现代的和古代的，大都把学名附在后面。此外少数没有标准中文名的，直接以学名称呼……

本书的主要参考书是：亨利·法布尔著的《昆虫记》，日本松村松年著的《昆虫物语》和《虫的社会生活》等。本书的体裁方面，好友贾祖璋兄曾有许多指示，一并在此致谢。

秉珍

一九三五年八月于日本东京

目录

第三章　蝶

第四章　蝉

第五章　萤

第八章　蜻蜓

第九章　蟋蟀

第十章　蝗虫

第十三章　蚤

第十四章　蚁

第一章
蜂

熊蜂的社会生活

昆虫里面，比蜂更有趣的，大概找不到吧！它们不单种类繁多，而且所过的生活，又是千差万别：有的隐居泥中，有的高栖树梢，有的能潜入水下，有的寄生虫体，有的孤栖，有的群居。现在只把常见的和有特色的几种，来大略讲一讲。

一阳来复，我们散步郊原时，常有嗡嗡之声，从远方传来。这声音和报春鸟的啼声一般，让人知道春已到临，听了十分畅快。春天最早开的是梅花、山茶。到这些花上来的，就是蜜蜂和熊蜂。

熊蜂中，有翅呈暗灰色、全身密生着黑色长毛的红光熊蜂（*Bombus ignitus*），有生着橙黄色长毛的虎熊蜂（*Bombus diversus*），还有大型而腹部有黄毛带的小峰熊蜂（*Bombus hypocrita sapporoensis*）等种类。它们都过着和蜜蜂相似的社会生活。

熊蜂是一个包含很多物种的大家族，其中许多成员比蜜蜂大，体形粗壮，身上布满黑色、黄色、白色等颜色的毛，像一只毛茸茸的"熊"

早春三月，熊蜂已从它们的越冬处出来，这时，只为了疗治自己的饥渴，拼命采蜜。一到四五月里，就着手造巢，并且替孩子们贮藏花粉和花蜜。它们造巢的地方，毫无一定，有时竟会利用现成的鼠穴，再开一条长长的隧道，通到地面。它们的巢，不是同蜜蜂这样有好多层，因它们分泌的蜡，比蜜蜂的要软得多。

蜜蜂社会中，有生殖能力的，叫作蜂王，但在熊蜂社会里，蜂王这个名称，嫌不适当，应该称为母蜂。为什么呢？因为它和人类一样发挥母性爱。一开始只有它一只，自己造巢，自己到野外去采集花蜜、花粉，作为将来自己孩子的食物。它产卵（是受了精而越冬的）、保护孵化出来的孩子，自己看这些孩子羽化，飞出巢去。而蜜蜂的蜂王，不过是一种产卵机器，不发挥养育孩子、保护孩子的母性爱。

母蜂造巢时，像前面说过的，通常利用废弃的鼠穴，将草梗、叶片、藓苔等咬碎，混入蜡液，在里面造巢房。它们造巢之前，先到郊外去，用后足采集花粉，用蜜囊吸收花蜜，带了回来，扫落花粉，和入吐出来的花蜜，滚成团子，这是未来孩子们的食料。这些团子造成之后，母蜂就环绕团子造一间小室，在里面产下十二三粒卵。不久，又从腹部分泌蜡液，将这巢房（小室）的顶封住。同时，再分泌蜡质，造一个薄薄的壶，贮藏花蜜用。这壶的直径约 2 厘米，深约 4 厘米，放在巢房附近。母蜂对于花蜜的贮藏，非常注意，因为是风雨之际的粮食。

巢房造成后，母蜂就静静伏在上面，让卵受热孵化。这时它总面向着巢口，留心外敌的侵入，简直和鸟类等高等动物的孵卵没有区别。

卵约经四天孵化。幼虫吃那些团子，将它们蛀成七洞八穿。当粮食吃完起恐慌时，母蜂便再到野外去采集花粉、花蜜，回来后，在巢房的盖上咬穿一孔，将花粉或稍稍流动的花粉、花蜜混合物，从这小孔，丢落巢房里。它不采集花粉花蜜时，就伏在巢房上。这时它若觉得饥饿，便把口插入蜜壶内，吸食之前贮藏的蜜。经过一个月左右，孩子已成工蜂，能够帮助母亲采集花粉、花蜜，蜜壶就丢着不用了。熊蜂的蜜，比蜜蜂的要稀薄些。

▌熊蜂的巢和幼虫

　　熊蜂的幼虫，白色无足，头部特别大。孵化后，再经六七天，幼虫吐丝，造成坚固的纸似的茧，然后化蛹。巢房的中央微微凹陷，那是母蜂曾经静伏着保护孩子的地方。哪怕孩子们已经化蛹，它依然伏在凹处，决不飞开去。到了孵化的第二十二三天，幼蜂就出来了。这时母亲还负保护之责，替它们将茧上的出口，开得大些。第一次羽化出来的熊蜂，全是工蜂，比母蜂要小得多。这些工蜂一出来，母蜂便把采集花粉、花蜜的责任，交给它们，自己再另造巢房产卵。此后陆续产生的，也全是工蜂，一直到仲夏，母蜂才会产下将来可成雄蜂和母蜂的卵。

秋天，母蜂衰老，工蜂就代为产卵，但产下的全是雄卵，所以这巢不久就要灭亡了。秋季活动的小峰熊蜂，多是母蜂。雄蜂虽也常有看到，但比母蜂稍小，略带黑色，尾端没有毒刺，很容易分别。雄蜂虽在野外吸食种种花蜜度日，但到早霜一降，便一命呜呼。工蜂也不久死亡，留下的，只有将来可做母蜂的，生殖系统发达的雌蜂。

地下的巢，格外大些，有时包含 170 只雄蜂、560 只雌蜂、180 只工蜂。但是，地上巢中，蜂数较少，大概只有一半。一只越冬的母蜂，子孙往往能增加到三四百只。蜂群的兴衰，受气候的影响不小：在亚热带地区，熊蜂无须冬眠，持续不断地经营社会生活；反之，在北极寒冷地方，熊蜂都过独栖生活。

熊蜂最大的敌人，便是要偷蜜吃和咬破育儿巢房的野鼠。所以除气候外，对蜂群影响最大的，便是这地方野鼠的多少。达尔文曾经用猫和苜蓿的关系，来说明生物界的关联生活。而熊蜂也是其中的一环。现在只讲个大概，来结束这节：

苜蓿花的受精结实，全靠熊蜂的媒介，而熊蜂的繁殖，又常受野鼠的妨害。可是，侵害熊蜂的野鼠，又要被猫捕食，繁殖上大受限制。所以喜欢养猫的村庄，苜蓿最能繁殖。

做百虫之王的胡蜂

胡蜂性凶猛，它们身边，不论蝶、蛾、青虫等，都会遭到任意杀戮，不妨称胡蜂为"百虫之王"。广义的胡蜂包括许多种昆虫，比如：全身生黄褐色毛的凹纹胡蜂（*Vespa velutina auraria*）和拖着两条长腿的亚非马蜂（*Polistes hebraeus*），以及腹部有黄色细条的黄边胡蜂（*Vespa crabro*）和翅暗褐色、全身黑色的黄缘蜾蠃（*Anterhynchium flavomarginatum*）等。

胡蜂造巢的地点，有地下和地上的不同：像金环胡蜂和黄胡蜂造在地下，像亚非马蜂和黄边胡蜂造在地上的树枝间；地下的巢多呈片状，枝间的巢都呈球形。

春天，常见胡蜂飞到屋里来，这是它们在找寻宅地。地点找定以后，如是枝间巢，便在枝上造一个坚固的柄；若是地下巢，便用它坚强的大颚，先将地面的木片、细枝、草屑、小石等扫除干净，再开掘下去，遇到树根之类的，就把它咬断，也做上一个强韧的柄。这些是造巢的准备工作。

它再去寻得枯树或朽栅，用大颚咬下几片，嚼碎，混入唾液，于是便成制纸工场中的木浆了——在我们发明用木材造纸之前，胡蜂早已在实行。它把木浆运回，在柄周围，一涂再涂，涂成一张薄片，这就是巢的基础。木浆用完后，它再飞到原处，重新咬嚼木片，制成新木浆运回，在薄片中央，做成四个下垂的房。它又赶忙在这四个新建的房里，各产一粒卵，再做一个伞状的盖，罩住整个巢，下方开一出入口。此后，它不断把木浆运向巢中，在四房的周围，依次建造更多的房，当这薄片铺满时，第一层房屋已告成了。造巢于地下的，出巢时常把泥屑带出，可见是一面掘穴，一面把巢扩大的。而且它们的巢，不分层次，光向四周扩张，呈一片状。胡蜂的巢房，不像蜜蜂巢那样悬挂着，而是水平排列的。换句话说：蜜蜂的建筑是垂直式，而胡蜂的建筑是水平式。

蜜蜂的垂直式蜂巢和胡蜂的水平式蜂巢

当巢还不十分大时，当初产在四房中的卵，就已经孵化。这时，胡蜂就放下建筑工程，替孩子们到野外去采集食物。才刚孵化的幼虫又小得很，所以食料也只是些软嫩的蚜虫、青虫等。而且，得把这些食物咬碎，做成团子，才能给幼虫吃。有趣的是，成虫自己呢，只吃花蜜、树汁这样的液体；幼虫食肉，有时倒会分泌糖水，反哺成虫。巢的房口虽然向下，但因为有一种胶质物把幼虫的尾端粘住，所以幼虫不会落到地面上。

蜂王一面养育孩子，一面增加房屋，顺便产下新卵。孩子一天天大起来，需要的食物更多，它就不管什么昆虫，看到便捉。运回巢后，嚼成肉酱，给孩子吃。有趣的是：牛肉店和猪肉店，它也常常光顾，弄得伙计们手忙脚乱。大概一开始，它们是为了捉群集肉上的家蝇和肉蝇而到店里来的，偶然发现美味的牛肉、猪肉，知道鲜肉养分很多，最适宜喂养孩子，于是捕蝇的益虫，变为掠夺鲜肉的"害虫"了。胡蜂的这一行为并不意外，它们本来就有切割尸体肉块的习性。

巢中有二十多间房造成时，第一批幼虫已经老熟，用自己吐出来的丝，封住房口，贴里面再造一层盖，于是，这房就成藏蛹的茧了。孩子一到造茧，母亲就不再将它们放在心上，只努力养育别的孩子和建造新巢房。

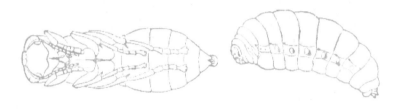

┃ 胡蜂的蜂蛹（左）和幼虫（右）

此后再过 10 天到 12 天，最初孵化的四条幼虫就已化蛹，成工蜂了。羽化时，这些年轻的蜂能够自己咬破茧盖，不需要母亲帮助。这四只工蜂一来，蜂王当然喜欢得不得了，因为它不必再到野外去替孩子们采集食料，一切由这几只工蜂负责。

蜂王自己所建造的，只有起初的二十多个房，到工蜂一出来，便咬破巢的外套，将巢扩大。同时，又在巢的中央，向下方建造一根称为中轴的柱，在末端造三四个房，再逐渐在周围增添，于是第二层房子又告成了。再把中轴延长，建设第三层、第四层的巢房。大的胡蜂巢，竟有五十层之多，简直和摩天大楼相差无几了。中央的一层面积最大，上面有三四千个房。这些房，在夏季，至少是三次，有时五次，做孩子的摇篮。羽化的蜂一出来，别的工蜂便把房盖和蛹壳扫除，让蜂王再去产卵。产卵的顺序，是从中央到外侧，再回到中央。

黄边胡蜂的蜂王（左）、工蜂（中）和雄蜂（右）

到秋季将近，最下面二层上，便有几个大型的房造起来。这些房的盖常呈球形，不像工蜂房那样扁平。这房里藏着将来会变成蜂王的幼虫和变成雄蜂的幼虫。前者因得到富于养分的食物，变成蜂王，传宗接代，和蜜蜂类似。这时，巢的外罩，恰成倒立的花瓶形，有八九张纸这样厚，这是几千只工蜂共同建造的。

亚非马蜂的巢虽也造在枝间，但只有一层，而且没有外罩，这是我们常能在灌木丛看到的。

马蜂的巢像个倒挂的小莲蓬

惨杀同胞的胡蜂

在烈日炎炎的夏天，工蜂为了养幼虫和蜂王，仍旧急急忙忙地在巢口进进出出。除狂风暴雨的时候外，它们从早到晚，不眠不休地劳作。巢内的幼虫嗷嗷待哺，等着吃工蜂带回家的"肉球"。

早霜初降，便是胡蜂的丧钟响了。它们不像蜜蜂那样可以藏粮食过冬，它们的巢也单薄，经不起风吹霜压，所以除全巢覆没外，确实没有第二条路可走。可是，在这种时候，它们还要上演几幕杀戮同胞的惨剧呢！

秋季，天气一冷，蜂王便停止产卵。工蜂把已长得相当大的幼虫拉出巢外，留出一定间隔，排成一行丢弃着。这些幼虫，本来都会变成维护这巢的工蜂，但奇怪得很，一直受着工蜂周密保护和养育的幼虫，此刻便无罪无过地被杀戮了。因为一个巢里至少有 6 000 只工蜂，气候渐冷，采粮不易，便起恐慌。于是，工蜂知道巢里的幼虫，到底无法养大，好像接到某种命令似的，大胆地杀害"婴儿"了。这时，全巢大混乱，毫无秩序，新出来的工蜂，口衔了幼虫往外拉，老工蜂只茫然地看着。

也许有人要这样想，既然同归于尽，倒不如留在巢里好，何必一定要拉到巢外，再加杀戮呢？这不是太残忍了吗？其实工蜂不知道什么叫残忍，什么叫慈悲，一切行动，都受维持种族这一原则支配。这时，将来做蜂王的雌蜂，快要羽化，让幼虫在巢里腐败，着实不好，所以必须把巢内扫除干净。一到秋末，新蜂王和雄蜂出来，这时老蜂王早已死去，连遗骸都没处找。

胡蜂的蜂王，和蜜蜂、白蚁的王不同，不和别巢的雄蜂交尾，只在巢内或巢边，和同巢的雄蜂交尾。不久雄蜂也死去，蜂王寻得枯树的空洞，或别的暖和而隐蔽的地方越冬。这时它常把木片、树皮、草屑等紧紧咬住。我们在九、十月里看到的胡蜂，有不少是雄蜂，十一月里看到的，多半是准备越冬的蜂王。

此外，胡蜂还有几种特别的习性，就在这里顺便说一说。

胡蜂有好清洁的习性，常用前肢拂去身上的尘埃，所以胡蜂身上的细菌很少。当胡蜂从巢孔出来，要向野外飞去时，必定在自己巢上打转，起初是小圈，逐渐放大，最后向自己的目的地，一溜烟飞去了。这种回旋飞翔，无非是怕回来时遗忘了自己的家，所以特意看定某种标识，记在脑里。回来时，恰恰和出去时相反，由大圆圈逐渐缩小，而到巢孔。它们的巢，起初不过同鸡蛋那么大，慢慢地扩大，到中秋前后，直径就超过 60 厘米了。

钻木的木蜂

春风乍起，雌雄木蜂就从越冬场所出来了。黄胸木蜂（*Xylocopa appendiculata*）外形和熊蜂相似，身躯伟岸，体毛不多，全身黑色，只胸部背面呈黄色，所以一看就能分别。这蜂还有一点和熊蜂不同的地方，就是雌雄两性都越冬。

它们常常在木材上钻洞、造巢，所以英语中又叫作木匠蜂。钻洞时，枯木又比活树容易很多，所以它们总拣森林中的枯木，决不去加害活树。可是，有时飞到我们家里，在栋、梁、柱、栅等上，胡乱钻洞造巢，那就对人的生活有些影响了。温带地方，这蜂不多，还没有什么大害。若到印度、爪哇这等热带地方去，看了它们的成绩，真要吃惊。一段小小的梁木上，竟被这蜂钻了三四十个洞。若狂风一起，这屋当然要倾倒。不仅家内的梁柱，有时连郊外的电杆和篱柱，都有它们的战绩。

木蜂

　　木蜂钻洞时，总是使用它的大颚。锯屑纷纷落下，往往在地上堆积得高高的。这洞实际是一种隧道，直径 17 毫米左右，斜斜地横着，稍稍进去，又折而向上，或向下约 33 厘米，或约 50 厘米时，再变更方向，一直钻通背面。它再用唾液，调制锯屑，在离入口约 3厘米处，做一隔壁，产下一卵，周围再放些可作幼虫食料的花粉团，这是第一室，常在穴口。接着再隔第二室，照样产卵。一条隧道，隔成十几间小室，全作孩子们的安全摇篮。

　　这里就有问题要发生了，就是：如果里面的蛹先羽化成蜂，而外面的穴里还是蛹或幼虫，它不会跑不出来吗？可是，母蜂早早留意到这点，所以它产卵必定从第一室起，依次上去，当它建设到最后一间巢房而产卵时，第一室的幼虫已经头向着下方而化蛹了。所以依次孵化，依次化蛹，依次羽化为蜂，咬破隔壁，循着同一条隧道而飞出，丝毫不会发生冲突。母亲替儿女们着想，真有这么周到啊！

▍木蜂在木头中钻出的一间间小室

五月里，藤花盛开，木蜂也纷纷飞来，嗡嗡地在花间舞个不休，真是丽春的点缀。粗粗一看，它们的身体呈"熊"形，振翅发声又像大胡蜂，不免使人害怕。其实，木蜂是很平和的蜂，除非你去搅扰它的巢穴，它决不胡乱刺人。木蜂不像熊蜂那样组成团体，它们是孤独地生活的。

蜾蠃的建筑技术

蜾蠃多是黑色而有黄纹的，又可分作腹柄细长或不细长的两类，都要吸食伞形科等植物的花蜜，在石上、墙隅、枝上、树皮下等处，用泥造巢。它们的巢，通常同樱桃一般大，也有拳头大的。

点螺蠃（*Eumenes pomiformis*）因为腹部呈酒瓶形，英语中又叫酒瓶蜂，分布在中国、日本、欧洲等地方。造巢时，它们先衔了直径约3毫米的土块回来，用前足仔细地涂，这时土块依旧用口衔着。这土块是已经用唾液混合过的，所以一会儿巢底就涂成了。此后每隔四五分钟，衔土回来涂一次。到巢已造成三分之二时，带了一条被刺而麻醉的青虫飞来。这好像是早已预备好，放在近处的。

螺蠃把青虫放进巢，再开始运土。大约一共费去三小时，一个石榴形的泥巢就成形了。螺蠃从巢顶上将尾插入，然后产卵，经两三分钟产毕。卵是长椭圆形，长约3.5毫米，宽约1毫米，带乳白色。真有趣，它们的卵，竟用干燥后的丝状黏液凌空悬挂在巢内，这是因为巢内的青虫还活着，怕卵被它压破。产卵完毕后，再去衔一块泥来，将孔塞住。不久后，卵孵化成幼虫，吃青虫长大，作茧过冬。第二年初夏，化蛹，再变成成虫，在巢边穿孔而出。

正在造巢的螺蠃

研究螺蠃造巢，真是一件有趣味的事：它不但会选择土块，而且同我们造混凝土时一样，里面竟混些石子。造巢用的土，大概从坚硬结实的道路边和很干燥的高地上运来。它们最喜欢的是砂岩土，像石山上的土片，也是常被利用的。因为泥土要不是十分干燥，无论混入多少唾液，也不会像混凝土般凝固，当连着几天降雨时，就有崩坏的危险了。

蜾蠃的泥巢和人类用陶工旋盘制作的陶罐，是不是很相似呢

它混入的砂粒和小石，形状和质地截然不同，有的球形，有的多角；有的是石灰质，有的是石英质，但重量和大小，全都一致，真使人不能不惊叫起来。巢的内部，怕幼虫要砸碰，竭力做得平滑，若有突起处，就用练泥一涂。进出口呈喇叭状的突起，这部分竟全用水和泥构成。它们在人类未能制造水泥之前，早已利用水和泥造混凝土了。而且，这样圆顶的巢，通常总是五六个连排建造的，因为壁面可互相利用，从时间和劳力两方面看，都比较经济。

法布尔认定，蜾蠃的巢至少已有把工程美术化的倾向。这巢是它们孩子的庇护所、城堡，按理说只需牢固，不需美化。但是，出入口做成喇叭形，对于巢的保全上，有什么作用呢？这无非是一种装饰。而且这美术的曲线，这希腊式的优美的壶口，简直像由陶工旋盘造出来的。它们嵌在上面的透明石英，也是晶莹悦目。有时它们还在巢顶加上一个小蜗牛的脱壳，这又和我们在器具上嵌螺钿有什么差异？和澳大利亚所产的园丁鸟，用蜗牛壳、美丽的种子、石子装饰它们的求偶场很相像。

奇妙的切叶蜂

蔷薇和梨树的叶子，有时边上被挖去一大块，这就是切叶蜂的成绩。粗切叶蜂（ *Megachile sculpturalis* ）是身体黑色、胸部密生黄褐毛、翅紫蓝色、足黑色的中型蜂。它们常常从植物的叶上割取圆形或椭圆形的片块，衔回来做巢里的衬垫和隔层，所以有这样一个名字。

▍正在切下叶片的切叶蜂

它们的巢，先在树干或泥里，开一条长约 10 厘米的隧道，有时利用柳树中天牛的空巢。再飞到蔷薇、梨树等叶上，捉住叶缘，用大颚像剪纸般剪下圆圆的一片，运回巢去。最先割来的叶片最大，稍呈椭圆形，切叶蜂在洞口附近把它做成圆筒状的袋，一直推到洞底。再去割三四片来（稍小，呈圆形）依次垫在圆筒形袋子的里面。然后，它会飞向花间，用后足采集花粉，附在腹下带回巢，再制成花粉团子，塞在这叶片筒里。它再产一粒卵，割取最后一片叶片，做这圆筒的盖，大功就告成了。此后，再在第一房上面，用同样的方式建造第二房，有时能建八房、十房，成一条直线地连接着，也有各房分开建造的。卵孵化后，幼虫就吃为它贮藏好的花粉团子，经过两星期左右，吐丝作茧，化蛹越冬，到来春再羽化为成虫。奇妙的是：切叶蜂所贮藏的食料，恰恰足够养大一条幼虫。

▌切叶蜂的巢

棉花蜂和采松蜂

切叶蜂里面有一类叫黄斑蜂（*Anthidium*），黑色的身躯，上面有十条黄纹，雄的尾端有几根锐利的突起。这种蜂产在暖地，六、七月里，常集在唇形科和豆科植物的花上。欧洲产的，常用棉絮似的植物纤维做巢盖，所以又有棉花蜂之称。它们发现适合造巢的地方后，就从附近的植物上咬取棉絮似的物质，用足抱着回巢，这是衬垫筒状房用的。这些絮状物质，多从水苏、撒尔维亚（鼠尾草）和矢车菊等植物的叶上咬下来。它们还怕絮状物轻松易动，所以又钻入絮状物中，用黏液把絮状物固定在巢底。巢筑成后，就贮藏食料，产下一粒卵，再用同样的絮状物塞住孔口。

　　双色壁蜂（*Osmia bicolor*）是欧洲产的一种切叶蜂。它们有衔取松针、遮盖内有巢房的蜗牛壳的习性，所以又可叫作采松蜂。当它们发现可以造巢的蜗牛壳时，便去衔取比自己身子要长好多倍的松针来，左右前后，密密地将蜗牛壳盖住。松叶之数，通常为20根至30根。造巢的准备工作完成后（大约花费一个半小时）它再飞到野外，衔取蒿、苔藓等来，和卵以及将来幼虫要吃的食料，一同放在壳内。第一个巢完成后，它再照样经营第二、第三个巢。

▌一只双色壁蜂正在用草叶遮盖自己的蜗牛壳巢房

过寄生生活的蜂

　　蝶在娇艳的花上飞翔，青虫在鲜绿的叶间匍匐，谁都认为这是一种悠闲平和的生活。但这只是表面的观察，其实它们时时受寄生蜂这种可怕的敌人的威胁，能够羽化成蝶的很少。

　　寄生蜂种类极多，若调查起来，光在中国可能也有几千种吧！它们体形微小，常人不大留意，但要是明白了它们寄生生活的巧妙，谁也不禁要打个寒噤吧！

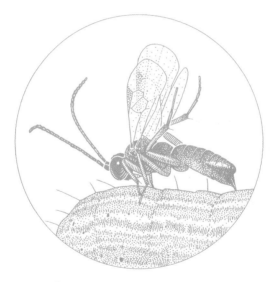

▎正在往青虫体内产卵的茧蜂

　　寄生蜂中，有的专寄生于种种昆虫的卵，有的寄生于幼虫，有的寄生于蛹和成虫。寄生于卵的蜂，多是寄生蜂中最微小的。寄生于稻的害虫二化螟卵中的赤眼蜂，体长只0.5毫米左右。它们飞到产在稻叶上的二化螟的卵块上来，用产卵管刺入螟卵中，各产一粒椭圆形的蜂卵。不久以后，蜂卵孵化成幼虫，吃螟卵的内容物而长大，一星期左右化蛹。这时卵的内容物差不多已经吃完了。再过两三天，蛹化为成虫，咬一个洞而向外界飞出。因为它能够吃螟虫的卵，所以人类倒认为它们是益虫。

再把寄生于昆虫幼虫的蜂来说一说：诸位总也见过吧，专吃菜叶的青虫身上，往往有许多黄色椭圆形的茧附着，这是茧蜂的茧。这蜂用产卵管刺进青虫体内，产下近椭圆形的卵。卵孵化成幼虫，吃宿主的血液和脂肪长大，老熟后，咬穿青虫的皮肤而外出，吐丝作茧，再化成虫而飞出。寄生在琉璃蛱蝶（*Kaniska canace*）的幼虫上的小茧蜂，多是许多茧堆积起来，上面再盖棉絮似的东西。

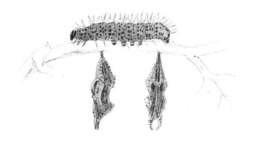

▎ 琉璃蛱蝶的成虫、幼虫和蛹

寄生于蛹的寄生蜂中，最常见的，要算肿腿小蜂。它们的后足，粗而有黄纹。常常产卵在毛虫和粉蝶的蛹内。介壳虫是果树的大害虫，但也因种种寄生蜂的寄生，不能任意繁殖。

寄生于成虫的寄生蜂比较少。像为害菜类的甲虫的身上，也有属于茧蜂科的蜂寄生。这蜂将产卵管刺入成虫体内产卵。幼虫老熟后，从肛门出来，入泥中作茧化蛹。

寄生蜂的成虫，在野外吃花蜜、花粉以及蚜虫和介壳虫所分泌的蜜汁过活。有的用产卵管刺宿主，进而吸食宿主的体液。交尾后，雌的便探寻宿主产卵，但也有未经交尾就产卵的。受精卵能产生雌雄蜂，未受精的卵，大都只产雄蜂，也有只产雌蜂的。这事实，在遗传学者看来是一种好的研究材料。

昆虫常因种种寄生蜂的寄生而丧命，现在人们利用寄生蜂来驱除害虫。当新害虫从国外输入而蔓延各地的时候，赶忙从原产地去运些寄生蜂来，收效尤其显著。像美国偶然从欧洲带进了一种栗类的毛虫，大大地繁殖，后来再从欧洲采运许多寄生蜂，因而逐渐消灭。日本九州地方，曾从中国带去一种名叫刺粉虱的橘类害虫，后来由意大利昆虫学家西鲁培斯笃利博士，从广州带了些微小的寄生虫到九州去，现在这害虫就几乎绝迹了。日本农林省因二化螟猖獗，特地派人到中国、东南亚等地方，调查寄生蜂，结果发现一种卵寄生蜂和一种幼虫寄生蜂，然后努力研究利用。应当注意的是，"害虫"一般指对农业生产有负面影响的昆虫。在健康的生态系统中，每种昆虫都有其存在的意义。

水栖的蜂

寄生在水栖昆虫身体里的蜂也不少，现在拣比较有趣的两三种，来简单地介绍一下。

欧洲西部有一种属于赤眼蜂科的潜水窄翅赤眼蜂（*Prestwichia aquatica*），寄生在水栖昆虫的卵中。有一天，英国有名的昆虫学者拉仆克在研究淡水中的虾类和别的水栖动物时，发现一种微小的蜂，活泼地和那几种动物一起游泳，大吃一惊。这种蜂在伦敦很少，但柏林附近以及德国北部是很多的，体长只 0.6 毫米左右。它用长长的足，巧妙地游泳。雄蜂有小小的鳞状前翅；雌蜂翅上有一个柄，宛同树叶。翅的前缘，密生毡毛，后翅很细，变成丝状。它们寄生在水栖椿象的卵上，有时别种水栖甲虫的卵上，也要寄生的。据苦纳克的调查，一粒仰泳蝽的卵上，竟有 24 只小蜂。

日本有一种属于姬蜂科的水栖蜂，名叫具刺潜水蜂（*Agriotypus armatus*）。它是体长约半厘米的黑色小蜂，但前胸背板有向后突出的锐刺，所以容易和别种区别。雌蜂有短的产卵管，前翅有三条褐纹。天气晴朗的时候，它们成群在河面沟畔飞翔。之后，已交配的雌蜂就潜入水中，搜寻寄主。它们很细心地顺着水草茎，深深地钻到水底，有时竟有十分钟之久，方才上来。

具刺潜水蜂

石蛾的幼虫（石蚕），在水下栖息地里用小石造了筒状的巢。

它在里面生活，自己以为是不怕外敌入侵的最安全的住所。可是，潜水蜂深深地潜入水中，将产卵管插入它们的体中，产下卵。幼虫孵化后，先吃寄主在生活上最无关紧要的部分，所以寄主仍旧不死。有时，这些寄主不管寄生虫在里面，为了自己要化蛹，就把巢口封闭起来。可是，它们终究因寄生虫而丧命。

▎石蛾的幼虫会用小石子造"房子"

潜水蜂的幼虫完全长成后，就把寄主的残骸推到一边，在那儿作茧化蛹。茧上还有一根细细的、1.5厘米长的管，可以增加气体交换的表面积，用于水下呼吸（气体交换）。这根细管对于潜水蜂来说非常重要。要是把它拉断，那么这蜂永远不能到水上来了。

岸旁本来就有许多毛虫、青虫，可它们偏偏要潜入水中，把卵产在躲在坚牢石筒中的石蚕身上。这种寄生本能，不够奇怪吗？而且母蜂把卵产入石蚕体内后，不久便死去，所以不论幼虫、成虫，都没有得到母亲指导的机会。但它们年年岁岁，都循着同一轨道而进行，不是更奇怪吗？

此外，还有属于缨小蜂科的一种缨翅缨小蜂（*Anagrus subfuscus*），是专寄生在蜻蜓卵中的。它们的特征是：翅呈丝状，前后缘有长毛。雌蜂有短短的产卵管，触角的尖端呈棍棒状。它们身长平均只有0.5

毫米左右，太小了，所以不用显微镜，只能见到暗色的一点，与那些纤毛虫和变形虫等单细胞动物差不多大小。可是，这渺小的身体中竟具有和我们高等动物同样复杂的机关——脑、神经、眼、触角、肠以及其他一切附属物，复杂的肌肉组织，呼吸器、生殖器等，统统齐全。我们不能不惊叹这自然的杰作。

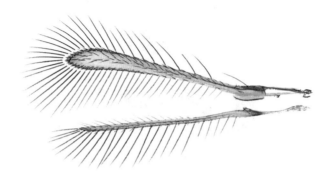

缨翅缨小蜂奇特的翅

蜂类的进步

昆虫的本能，向来被认为是循着一定轨道，不会变化的。可是我们发现，蜂类中已有种种变化发生了。

南美洲和中美洲，有一种无刺蜂，本来是吸食花蜜、花粉的，现在竟要吸食煤油了。它们常聚集在臭气扑鼻的黑色柏油和重油的罐上，一心一意地津津有味地吸食。这和普通蜜蜂聚集在花朵上吸蜜采粉丝毫无异。据休白兹博士的报告，若煤油罐旁有油流出来，即使旁边放一只富于糖分的香蕉，它们也绝不一顾，专心聚集在煤油上。有时竟为了要独占煤油，和别巢的蜂拼命斗争。

煤油是近代才发现的东西，不是这种蜂向来吃的食物。那么这种现象怎样解释呢？这种蜂原是采集植物的树脂、新芽中的蜡，现在它们发现利用煤油中的蜡质物，时间和劳力都要省很多。于是，它们就停止向植物采蜡，而专来吃煤油了。为了节省时间和劳力，即使这样恶臭扑鼻，蜂也毫不厌恶。动物的本能，真是与时俱进。

昆虫只凭本能而活动，被一定的轨道束缚着——这样认定的人，万万想不到蜂会吸食煤油吧！

第二章
蜜蜂

社会制度

历代诗人文士歌咏蜜蜂的美文诗歌，已经有不少，但是，他们所记载的多出于凭空揣测，与事实相差很远。现在研究逐渐进步，回想从前关于蜜蜂的知识，真觉何等幼稚。何况现今蜜蜂身上无法解释的神秘行为，还有诸多存在。

蜜蜂的社会，是一个以母性为中心的氏族社会。蜂后靠多种信息素控制蜂群的行为，使各成员分别执行自己的任务。它们从朝到晚，不休不歇地在花间徘徊，搜集花粉和花蜜，以维持这共同的巢和种族。

在蜜蜂社会中占最多数的，是生殖系统没有充分发育的雌蜂，叫作工蜂。工蜂中一部分到野外去采集花粉花蜜，一部分留在巢里。有的将同伴带回来的花粉从后肢上扫落；有的造巢；有的到小河边去运水；有的调制孩子和蜂王的食料；有的鼓动着翅，把新鲜空气送到巢里去；有的站在门口做守卫，一旦有什么外敌侵入，便拼命抵抗。春季，巢内除蜂王外，全是工蜂。到夏季，便有比工蜂稍大的雄蜂出现。白天，雄蜂虽也常常到巢外愉快似的飞翔，但它们毫不采集花蜜花粉，所以又叫作"懒汉"。此外巢内还有最大的一只蜂，这是蜂王，是这巢的母亲。巢中几万只蜂，都是这蜂产下的同胞。

巢房——六角形小房

蜜蜂的巢：野生的大都造在大树的空洞里；饲养的，在人造的巢箱中。但巢房的构造，完全一样，各房都是六角形的小房，排列得整整齐齐，看了真叫人吃惊。现在我们要研究的：第一是蜂巢用的是什么材料，从哪里得来？第二是蜂巢为什么造成六角形？

巢房的材料，从前大家都以为是从花里采来的，后来才明白这些蜡性物质，是从它自己腹面第三、四、五、六节上的四对蜡腺分泌的。这蜡腺，表面是薄板，下面有一排分泌细胞。造巢时，年轻的工蜂先吃了许多蜜，集合在巢的天花板上。经过 18 小时至 24 小时，腹面的蜡腺便有蜡液分泌。这些分泌液，碰到空气，就凝成薄片，和透明的云母片相似。它们将这薄片衔在口里，混入酸性的唾液，炼成一种软膏似的物质，这就是造巢房的材料。这种蜂蜡，在延展性、强韧性以及耐热性方面，几乎没有别的东西可以和它比拟。

我们去看一看蜂巢的内部，更要吃惊：从顶挂下好多片巢脾，一直延伸到巢的深处，各片间都隔开一厘米左右的空隙。巢脾的两面，排列着用薄薄的蜡壁隔开的六角形小房。各面小房，都是底和底相接，房底稍呈三棱形。这巢房的构造，在材料、面积、重量方面，都是最经济的。除此之外，大概没有更好的理想建筑物了吧！

六角形的构造，是一种自然法则。凡圆筒形的物体，左右前后受压时，它的横截面就呈六角形。所以有些人说：蜜蜂造六角形巢房，用不着大惊小怪，这无非是机械地相互干涉的结果，并不是构造者的本领。如果我们把许多小小的粉团，满满地装进瓶内使它们互相挤压，它们也会变成六角形。可是，瓶内的粉团，原本是各自分开的，所以有互相干涉的机会，而蜜蜂六角形的巢，是连成一片的，不能互相干涉。我们试着把蜜蜂正在建造的六角形巢房，仔细观察一下吧！它们造巢的第一步是房底，四周呈六边形，以便上面再竖立隔离各室的六块壁板，可见构造者的头脑里，起初就有六角形的意识了。

▌蜂巢的构造

那么，这小小的蜜蜂，为什么要造六角形的巢房呢？真难明白：难道它们起初是造圆筒形的巢房，后来发现种种不合理，逐渐改进，而达到现在这样的境况吗？还是因为六角形可以完全相互密接，而容积又和圆筒形差不多，所以才被采用的吗？总之，我们现在看了这种蜜蜂，有根据六角形法则造巢的能力，觉得除了本能之外，它们也许有近乎理性的某种性能。

蜜蜂中的三型——蜂王、雄蜂和工蜂

蜜蜂蜂王所产的卵只一种，但由卵产生的蜂，倒有三种：将来做蜂王的雌蜂、生殖系统没有充分发育的工蜂和被称为"懒汉"的雄蜂。同一种卵，能产生三种不同的蜂，从前的人认为这很神秘。现在已稍稍明白它的缘由，这里且大略地说明一下。

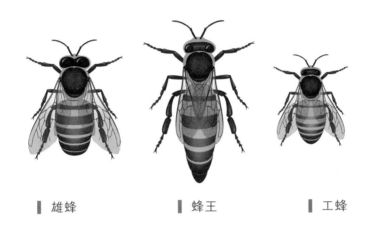

▎雄蜂　　　　　▎蜂王　　　　　▎工蜂

蜂王产卵的房有三种：一种是工蜂房，小型，最多；一种是雄蜂房，比工蜂房稍大；还有一种称为王台，面积要比别的房大上几倍。蜂王产卵时，是有意地应了房的大小，产下各种卵呢？还是无意识地随意将卵产在这些房里呢？奇妙的是：产在雄蜂房里的卵，必定生雄蜂；产在工蜂房里的卵，必定生工蜂。这样看来，不能不认为蜂王是有意识地分别产卵。

可是，王台中的卵和工蜂房中的卵，确实丝毫无异。把卵交换一下，便立刻知道：把原本在王台中的卵，移到工蜂房中，孵化出来必成工蜂；移入王台中的工蜂卵，孵化出来必成蜂王。可见同一枚卵，根据工蜂的不同处理，有的成蜂王，有的成工蜂。现在我们已经知道，孵化后只有前3天吃上蜂王浆的幼虫，会发育成工蜂；孵化后一直吃蜂王浆的幼虫，发育成新的蜂王。蜂王得到充分的营养，不但生殖系统发达了，形体方面，也和工蜂大有差异：工蜂身躯短，腹端圆，颚上没有齿，舌也短；可是蜂王呢，身躯长，腹端呈圆锥形，大颚上有齿，舌也长。而且蜂王腹面没有蜡腺，足上没有采花粉用的花粉篮。蜂王的毒刺，弯曲而长，工蜂的刺短而直。它的颜色也和工蜂不同，带暗色而有光泽。

可是，要成雄蜂的卵，和要成蜂王、工蜂的卵不同，是一种未受精的卵。因为无论是受精的卵还是未受精的卵，都是从同一产卵管产下的，所以它们好像是降到输卵管时才受精的。若蜂王交尾时全部卵都已受精，那么不应该还有成雄蜂的卵。蜂王的交尾口和产卵口，完全分在两处。精子先在受精囊里贮藏着，等卵下降到输卵管时，再行受精，这是蜂类的通性。

近代有一位爱特华特博士，对于蜜蜂产卵，做了下面这样的说明：

蜜蜂也和别的昆虫一样，不愿与血统相近的同胞交尾。同巢中的雄蜂，跟蜂王毫无交涉，不论巢内巢外，决不交尾。未受精的新蜂王，向空中飞出时，为了记忆自己的巢，必定在上空绕飞好多回，发现了可做标识的某物时，便箭一般飞去，出发恋爱旅行了。见到周围飞翔最快、最强健的别巢雄蜂，就和它交尾，不久，回到自己巢里来，像上面说的那样产卵。

蜂王从雄蜂处得到的精子，贮在受精囊里，不入卵巢，所以它的卵，还全是未受精的。蜂王在三种大小不同的房内产卵时，因房的大小不同，腹端弯曲的程度也不同。当蜂王将尾端插入小房中产卵时，因为狭隘，当然受一种挤压，腹部收缩，精子便流出而受精；反之，在宽大的雄蜂房产卵时，毫不受挤压，腹部不收缩，同平时一样精子不流出，因此产下的便是将来发育成雄蜂的未受精卵。

如果问一句：那么，王台不是更宽大吗？不是更不会受到挤压吗？为什么它也收缩腹部，使精液流出，而产下可发育成蜂王的受精卵呢？这说明它见了王台，会有意识地产下受精卵。

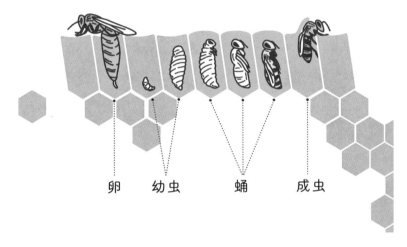

卵　　幼虫　　蛹　　成虫

▎蜂王产卵和蜜蜂发育的过程

分蜂

蜜蜂社会，从春初起，蜂王和工蜂就努力忙于子孙的繁殖。蜂王像上面所说的那样，在各房里产下各种卵后，工蜂便负起养护的责任，用称为"蜜蜂乳"的一种浓厚蜜汁，喂饲幼虫。到幼虫充分长成，工蜂就用蜡质物将房口封闭。于是，幼虫在房里吐丝、造茧、化蛹，不久羽化为蜂。一到夏季，蜂王产卵就特别起劲，每天产三万多枚，也并不算稀奇。通常一昼夜可产重量等于蜂王身体两倍的卵。所以蜜蜂数量的增加，非常迅速。到有翅居民充满巢内，而巢又无法再扩充时，便开始分蜂了。

分蜂时，一巢有三万到十万的工蜂。移动的命令一下，至少有一半工蜂，伴着旧蜂王，一同从门口飞出。将要移动的蜂，如同发疯一般，嗡嗡发声，连花粉、花蜜都不去采了。但将来留在旧巢的蜂，好像毫不知晓有分蜂这回事，依旧平静地忠实服务。那么，应该留在旧巢的蜂，和可以分蜂的蜂，有什么区别吗？这是现在还无法说明的奇异现象。不过在分蜂前，先有许多探子出发，大概是要把蜂王带到最安全的地方。

蜜蜂社会中，如果没有新蜂王，是不能经营新社会的，而新蜂王在旧巢中产生，又正是要分蜂的时候，所以新蜂王即使已经充分长成，也不许它轻易出房，门口特地设一守卫，提防新蜂王逃出。

分蜂最适宜的天候一到，旧蜂王便带了一半工蜂，出发旅行，另筑新巢。留在旧巢的新蜂王，便从房中出来，等到天气晴朗，飞出空中，和别巢的雄蜂交尾，受精回巢，成为完全的蜂王，像前面说的那样起劲产卵。留在巢房里的另外几只新蜂王，大都被先出的蜂王所杀，但也有带了一部分工蜂而再分蜂的。

这分蜂的团体，有时停留在树干上或篱笆间，集成直径约30厘米的一团。这样经过几小时，方才向远方飞去，寻得枯木的空洞等，在那里造巢，免得和旧巢的同胞进行生存竞争。

信号

　　蜜蜂的嗅觉很灵敏，它们不仅能依香寻花。要是把别巢的蜂王或工蜂放进巢里，全巢必起骚乱，因为嗅得它们有各不相同的气味。而且蜂王身上有一种腺体，不断地分泌液汁，散发香气，巢中是否有蜂王，就能通过嗅觉辨知。此外，巢内起某种变异时，工蜂所发出的嗡嗡之声，在各巢的音色都不一样。这些气味和鸣声，就是蜜蜂社会的信号，使各工蜂采蜜回来时，不致误入别巢。可是蜜蜂还有神妙的地方，简直使人这样怀疑：难道蜂群中有一种言语吗？

　　工蜂发现了某种花，采了许多蜜回来时，巢中同伴必定立刻接二连三地出发。而出发的只数，又完全以彼处蜜量的多少为准，决不会在必要以上的。这时，便有两个疑问出现了：工蜂怎样知道该出发的只数？工蜂怎样把新花所在地通知给同伴，还是引导它们过去呢？弗里希教授曾经做过一次试验：他在工蜂身上涂一种颜料作为记号，一方面把蜜汁或蜂爱吃的其他食物，放在一定场所，这有记号的工蜂，回到巢里来时，将有什么举动，他一一留意看着。通过这试验，他居然解决了上面两个疑问。

　　工蜂吸收了大量的蜜汁回来时，就在巢房内跳一种回旋舞。在它附近的工蜂，看到这种回旋舞，知道它已找到蜜量很多的花，都赶忙飞向野外。反之，若某工蜂只采得少量蜜回来时，它并不跳舞，别的工蜂也不外出。换一句话，这回旋的跳舞，是一种信号，是通知同伴已发现蜜量很多的花时用的。

　　工蜂怎样把新花所在地通知给同伴呢？从前大家以为是寻得这

花的工蜂把同伴带了去。其实，别的工蜂，不等发现者引导，立刻飞出巢外，热心搜寻。可是，这种搜寻，并不是毫无根据的瞎撞乱碰，它们早有依据。

弗里希教授反复观察后发现，当一只工蜂采得花蜜回到巢中，跳起回旋舞时，其他工蜂就会以它为中心，就像在观看这只工蜂跳舞一样。而这工蜂的舞蹈，其实大有玄机。

如果采蜜的花丛位置比较近，大约在 50 米以内，工蜂就会一边抖动身体，一边用画圆圈的方式移动，这种"圆圈舞"是告诉同伴，食物就在附近。如果花丛位置比较远，工蜂就会跳起另外一种舞蹈，它会一边摇摆身体，一边以"8"字形路线移动，这种 8 字舞是告诉同伴，有蜜的花丛在较远的地方，沿着哪个方向走可以到达。而且，花丛越远，它摇摆身体的次数越多。

▌蜜蜂指示蜜源距离和方向的 8 字舞

得到了舞蹈的指示，其他工蜂就会飞出去寻花采蜜了。有趣的是，蜜蜂访花是不会重复的，这是因为它的足上的腺体，会在花朵上留下示踪激素，能提醒同伴短期内不要重复采蜜。

若雨天连续，花已飘零，出去采食的蜂也少。可是，到天气再晴朗，有新的花开放，从这花上采蜜归来的工蜂，又在巢内跳起舞蹈时，巢内便骚动了。勤劳的工蜂们决不会再停留在巢中，统统向这花飞去。

▌准备采蜜的蜜蜂，后足上有储藏花粉的黄色花粉篮

尾上针

要是我们走近蜂巢，去看看它们造巢的情形，往往要中暗箭的。被刺的部分，立刻红肿，和浸到热水里一般疼痛。被这小小的蜂放了一针，竟这么疼痛难忍，真叫人难以置信。

要是我们用布片包了手，捉一只蜜蜂来，轻轻挤压它的肚子，便发现有头发那么细的褐色尖针，从尾尖冒出来。这就是蜜蜂防敌用的武器，保护自身的短剑。平常为防止尖端变钝，收藏在身中的鞘内，到危险逼近时，才突然放出。

倘若蜜蜂的针，只不过尖锐罢了，那么即使被刺，也不会感到多疼痛。让我们觉得痛的，是针上带的毒液。试着挤压它的腹部，就会发现从尾尖冒出来的针头上，有清水似的液体，这就是引起我们疼痛的毒液。

蜂是个吝啬鬼，蜇刺时出来的毒液，只有一点点。可是藏在身体里的却很多，出来的只不过几十分之一。

仿佛是为了不论何时都可立刻使用似的，这种毒液满满地藏在针根的小囊里。当用针刺时，这囊一缩，便有一些毒液沿着针上的小沟流出，同时注入伤口。

贮藏这种毒汁的囊，构造很有趣，所以我想讲一讲：当挤压蜜蜂的腹面，针从尾端冒出来时，把它用铗子钳住，慢慢地拉，那么针便会被拔出，而且针根还有小小的一粒白囊跟了出来。这就是毒液的囊，看着虽小，其实足够用几十回呢。而且一面用，一面在制造新毒液，所以囊里常常是满的。

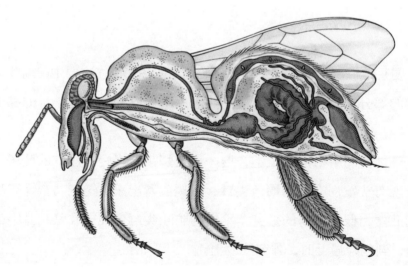

▌蜜蜂的体内构造，可以看到尖锐的尾刺和跟尾刺连在一起的毒囊

放了刺的蜂，只怕有什么危险到来，所以赶忙逃走，有时连针也来不及拔，就这样留着飞去了。因为针尖有许多小钩，刺入皮肤后要拔出来的确要费好些工夫。这时，不仅针，连内脏毒囊都会被留下，所以蜂不久就会死去。

被刺的人，当拔取留在伤口上的针时，总去捏针根粗的部分。他们以为这是针根，其实这是毒囊。这毒囊往往在指间挤破，贮在囊里的毒液，都沿针流入伤口，让人疼痛得格外厉害。所以拔针时，必须捏住细的部分。

这么毒的东西，要是去尝一滴，一定痛得死去活来，谁都会这样想吧！其实，即便把毒液放在舌头上，也并不会怎样，既不酸又不辣，完全同水一般。把它吞下去，也不会引发什么疾害。简单来说，它虽叫作毒液，但对于我们的消化道并没有什么影响。

第三章
蝶

食肉性的小灰蝶

　　每当日丽风和，草长花放的时候，便有各种美丽的蝴蝶，在枝头草上，翩跹飞舞，报告你春已到临。其中鼓着小小的青色的翅，徘徊于紫云英上的，便是小灰蝶。

　　它们好像不知道什么叫不安，什么叫压迫。有时雌雄相戏，追求生物共通的恋爱生活。雌蝶多呈灰色，装饰并不鲜艳，雄蝶多是美丽的赤色、青色、紫色。

▌日本娆灰蝶一面美丽一面狡猾的翅

　　日本娆灰蝶（*Amblypodia japonica*）是日本南部常见的蝴蝶，也叫紫色小灰蝶。翅展约 36 毫米。翅黑色，只中央带紫色，翅的腹面是灰褐色，又有暗褐色的细纹。当四翅竖着时，简直和枯叶一般无二，它们借此瞒过雀类和杜鹃的眼，但又怕减少了被异性发现的机会，所以不停开合着翅，要露出表面的紫色来表示自己的存在。

离纹洒灰蝶（*Satyrium w-album*）翅展约 30 毫米。翅是黑褐色，前翅的外缘附近，一带白色，底面是暗褐色，后翅有略呈 W 形的白带，外缘有一条橙色纹。幼虫吃苹果等树的叶子。产在我国北方。

▎访花的离纹洒灰蝶

蓝灰蝶（*Cupido argiades*）广布于欧亚大陆，但形态常因气候而有变更。翅展约 24 毫米。翅紫蓝色，外缘黑色，缘毛白色，斑纹及后翅的尾状突起呈黑色。雄蝶全部呈黑色，但有橙黄色的斑点。

▌ 蓝灰蝶的翅腹面呈白色或棕灰色，和翅背面的蓝紫色对比强烈

全世界属于灰蝶科的蝶类，已知 6 000 多种。在我国的当然也不少，怕读者要感到乏味，不再一一列举，只把幼虫和蚁共栖的事实，来大略一讲。

亮灰蝶（*Lampides boeticus*）也叫波纹小灰蝶，翅青白色，是产在热带的豆科植物的害虫。它们的幼虫，常被蚁围绕着。蚁一面头对头地挤着，一面用触角碰这幼虫，或轻轻地敲打它的腹部，仿佛我们的呵痒。于是，幼虫兴奋起来，便分泌一种甘露给蚁吃，因此，它们常受蚁的保护。有时我们竟能在蚁巢中看到这种幼虫。

亮灰蝶的背面和腹面，翅的腹面有白色斑纹，所以得名"波纹小灰蝶"

亮灰蝶幼虫，以许多豆科植物的花、种子和豆荚为食

　　地中海沿岸有一种藤灰蝶属的小灰蝶（*Tarucus theophrastus*），常成群飞翔。幼虫绿色扁平，要吃枣树的叶子，有时竟把全树吃得只剩光杆儿。这些幼虫，必定有一种蚁跟着走。当幼虫成熟化蛹时，蚁便衔了搬运到自己的窠里去，用土盖着，好好地保护。当蛹羽化成蝶时，也有因四翅不能展开而横倒的，蚁便赶忙跑去扶起。

　　蚁肯保护小灰蝶幼虫的理由，像上面所说：因为它们能分泌甘露给蚁吃。幼虫的第七环节后缘中央，有一条横沟，生着一种瘤状突起。这瘤状突起，常分泌一种蚁爱吃的甘露。蚁一旦发现了这种小灰蝶的幼虫，便把以前很重视的蚜虫，弃若敝屣（xǐ），一齐集到这边来。所奇怪的是：第八环节，气门的后方还有两个管状突起。这是有什么作用，现在还不曾知道，据独猛的主张，大概是发散某种香气，引诱蚁类用的。

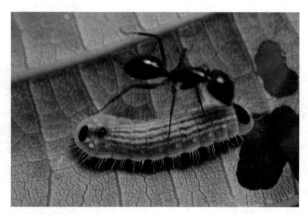

灰蝶幼虫与蚂蚁互利共生

　　但并不能说一切灰蝶的幼虫，都是有利于蚁的。像印度所产的拟蛾大灰蝶（*Liphyra brassolis*），常产卵在工蚁的巢穴附近。从卵孵化的幼虫，便潜入蚁巢中，捕食蚁的幼虫。它们也同别的小灰蝶的幼虫一样，形状恰像蛞蝓，身子扁平，两侧有刃状物突出，而且背部和两侧，都像甲壳般的硬化，各环节的关节，也看不清楚。只腹部中央是柔软的，但两侧也密生毡毛，能够避免蚁的攻击。它们的头部，即便被蚁咬住了，只需向坚牢的胸板下面那么一缩，蚁便无可奈何了。

蛹也在蚁巢中。所奇异的就是：由蛹羽化而出的小蝶，鳞毛很容易脱落。它们略略一动，鳞毛便像尘埃似的飞起。有时，蚁看见有蝶而去攻击，它便使鳞毛纷纷脱落，自己则安全地飞出巢外了。

像这样食肉性的蝶类幼虫，在小灰蝶中也不少：日本有捕食竹上蚜虫的蚜灰蝶（*Taraka hamada*）幼虫；中国台湾更有不少熙灰蝶（*Spalgis epeus*）的幼虫，身上盖了一层白蜡，会捕食介壳虫和别的昆虫。

┃ 雌性蚜灰蝶正在有蚜虫的竹叶底下产卵

奇妙的枯叶蛱蝶

古人对于昆虫生长的经过，不大清楚，往往用种种臆测的化生说来说明，如"腐草化为萤"就是一个著名的例子。对于蝶，也同样硬说是树叶所化。《庄子·外篇·至乐》说：

陵舄得郁栖则为乌足，乌足之根为蛴螬，其叶为蝴蝶。

在《北户录》中，更有一则不容忽视的记录：

公路南行，历悬藤峡，维舟饮水。因睹岩侧有一木五彩，初谓丹青之树，因命童仆采之。顷获一枝，尚缀软蝶，凡二十余个。有翠碧绀缕者、金眼丁香眼者、紫斑者、黑花者、黄白者、绯脉者、大如蝙蝠者、小如榆荚者。愚因登岸视之，乃木叶化焉。

峡以悬藤为名，是桂粤一带的风土，这一带正是出产枯叶蛱蝶的地方，所以这位段先生所看到的，也许是枯叶蛱蝶。因形态和枯叶一模一样，才发生了"木叶化焉"的误会。现在且把枯叶蛱蝶的形态和习性来讲一讲，证明我的推测也有几分合理。

枯叶蛱蝶（*Kallima inachus*）翅展有 66 毫米至 90 毫米。翅的正面很美丽，是紫蓝色，前翅上还有一条橙色的阔带。腹面却多是暗色，像浓褐、赤褐、黄褐等，全都是枯叶的颜色，再加上像树叶主脉、侧脉似的纹条。这主脉似的纹，还一直延长到后翅的末端，看起来更加像枯叶了。更奇妙的是，这上面还有暗色的斑点散布着，好像枯叶上的霉斑，而且这些斑点的排列，又毫不整齐。所以当它们竖着四翅，静止在枝头时，谁都要当枯叶看。日本昆虫学家松村松年曾采集了几十只枯叶蝶，而斑纹、色彩，没有相同的。所以《北户录》中要用什么翠碧绀缕、金眼、紫斑等来形容了。

伪装大师枯叶蛱蝶

当不必提防外敌的时候，它们便把翅不绝地开合，使同类知道自己在哪儿。万一瞒骗不过，而强敌已逼近时，便向森林的枯叶间落下，停在叶间，谁也辨认不出。

有趣的粉蝶

粉蝶科中的蝶类，大都是中等体形，常常集在花上。有时，牛马的粪尿上、雨后的水潭上及河边的沙砾上，也有它们的踪迹。体色多是白色，但也有黄色的。现在把有特征的几种，说一说。

▌红菽（shū）草上的绢粉蝶

绢粉蝶（*Aporia crataegi*）翅展 76 毫米左右，白色，是稍稍大型的蝶。翅也比较阔大，外缘和翅底是黑色，翅脉也是黑色。日本的粉蝶科里，有黑翅脉的，只这一种。身子黑色，上面密生灰白色的毛。分布在欧洲、中国、朝鲜和日本等地。本来粉蝶的幼虫，普通只生着短毛，这绢粉蝶的幼虫，却生着比较长的体毛。它们在苹果树的枯叶内越冬，一到次年早春，便起劲食害苹果树的新芽。蛹是白色的，上面有黑纹和黄纹，经两周左右而羽化。

绢粉蝶的幼虫和蛹

这种蝶却有一特点，就是：当从蛹化蝶而外出时，从尾端渗出血一般的排泄物。这是蛹时代所分泌的尿液。当多数绢粉蝶一齐羽化时，往往将枝叶和地面染成鲜红。在德国就叫作"血雨"。从前迷信很盛的时代，德国人说这些是最美丽的血，是某人将遭横死的前兆。

黄尖襟粉蝶（*Anthocharis scolymus*）翅展 45 毫米左右。翅白色，横脉上一点和翅端是黑色的。雄的前翅末端是橙黄色的，腹面有灰绿色粗斑，当静止的时候，恰像一种植物的叶子。后翅底面的斑纹，和漫天飞行的灰色云块相似，所以又有"云间黄裙蝶"这样一个名字。雌蝶前翅的表面没有橙斑。分布在中国、朝鲜以及欧洲等地方。

▌黄尖襟粉蝶后翅腹面上斑驳的云状花纹

卵起初是白色，后来出现橙色，到孵化前竟带紫色了。幼虫栖息在十字花科植物碎米荠的枝叶间，它的形态和碎米荠的角果相似。幼虫淡色的亚背线，和角果的缝线相当，而且保持着一定比例，跟着角果的长大而长大，所以要发现这种幼虫，的确相当困难。它们更喜欢吃种子，所以有种子的时候，是不吃荚的部分的。到了七月底，化成细长的褐色的蛹，就这样越冬，到第二年四、五月里羽化。有时竟忘却羽化，以蛹的状态，睡眠到 20 个月。

鹤顶粉蝶（*Hebomoia glaucippe*）是比较大型而美丽的蝶，翅展

100毫米左右。翅苍白色，前缘暗褐色，翅端是美丽的赤橙色，中间还有四个暗黑色的斑点。雌的色彩较淡，呈黄色或暗灰色。后翅外缘暗色。各室有暗色纹，分布在中国、印度以及东南亚等地方，每年从四月起发生。虽到处都能看到，但它们飞翔迅捷，难以捕获。

▌雄性鹤顶粉蝶的标本

菜粉蝶（*Pieris rapae*）是到处都有的，翅展约50毫米的白色蝶类。全翅腹面的一半和正面的前缘是灰白，斑纹是黑褐色。雌的比雄的大一些，黑褐色的部分也较多，斑纹更显明。它们产卵时，为了避免弟兄们争夺食物，所以决不把二三百粒卵产在一起。它们是在食草的叶背上，一粒一粒地产卵。卵孵化成绿色的幼虫，再过两三星期，就变成一寸左右的青虫。于是，它们离了食草，钻入篱边草丛中化蛹。再过一星期左右，又成白蝶，在花间翩跹飞舞了。

卵

幼虫

蛹

成虫

菜粉蝶的生活史

　　这种蝶的幼虫，是十字花科蔬菜的大害虫。有好几种寄生蜂，要寄生在它们身上。最普通的，是一种小茧蜂。我们往往在菜粉蝶蛹的近旁，看到许多集合的白色小茧。这就是小茧蜂的幼虫从粉蝶的蛹内出来所化成的蛹。被这些寄生蜂和寄生虫杀害的青虫，约占七成半，所以菜粉蝶不能十分繁盛。

小茧蜂的空茧

有时这些寄生蜂类，因某种缘由而不发生，而适宜于菜粉蝶发生的天气，又一天一天地继续着，使得菜粉蝶以非常迅速之势繁殖。奥地利曾有一次菜粉蝶幼虫大发生，连火车都被阻住。陀鲁博士曾有关于这事的记载，将大要抄在下面吧：

从前菜粉蝶幼虫大发生的时候，它们吃尽了可食的植物，成群到道路上来，简直使我们不能通行。像从蒲鲁尤市到蒲拉古市的火车，竟因此停开。因为被轧死的青虫的体液，使轮子空旋。这好像是不能相信的事，其实我是目睹的。那些象咧、水牛咧，都不能阻止火车，而这样小小的青虫，竟能阻它行进。后来，人们在轮子上加了铁索，好容易照旧开驶。

蛱蝶

蛱蝶科中的蝶多是中等身材，常在花间往来，有时集在树枝上，有时在河边沙砾间徘徊。这科有一种应该特别说明的特征，就是前肢退化，短小无爪。属于蛱蝶科的，全世界已知超过 6 000 种。现在把这科内有特性的两三种蝶，简略地介绍一下。

柳紫闪蛱蝶（*Apatura ilia*）是翅展达 68 毫米左右，中型的美丽蝴蝶。雌蝶有橙黄色的翅，雄的翅是黑褐色、中室是橙褐色，此外再加黑色、橙色及黑褐色的斑纹。雄蝶有时静止在柳叶上，夸耀似的将四翅开合不停，好像要用美色来引诱雌蝶。若鸟及其他动物靠近，就立刻竖起四翅，准备飞翔。它们翅上的黑褐色，能因太阳光线的方向，变成各种紫色闪光，直到颇远处都能看到。虽没有人看见这种蝶吸食过花蜜，但知道它们也要舔食糖汁的。因为曾有某采集家用糖汁诱捕蛾类，而连这种蝶也捉得了。那么它们究竟吃什么度日呢？答案是：好像是吸收树干的液汁，但最喜欢的还是动物的腐肉，猫、狗、鼬鼠等尸体的肉汁，是它们常食的佳肴。据哈蒙斯博士说，用臭气熏天的牛奶酪，可将这种蝶诱来。它们有时聚集在牛粪、马粪和别的兽粪上。若炎热的夏天，也有在森林中的小河边喝水的。有时，静静地停在高高的树梢头，等待同类飞近来。若雌雄相遇，就立刻飞起跟了去。我们若利用它们这种特性，将网引诱，倒可捕获许多。现在大都会附近，这种蝶逐渐减少。像伦敦、柏林、巴黎等地方，只能在博物馆看它们的标本，野生的很难遇到。它们的幼虫，绿色，头部有两只长角，主要吃柳树的叶子。

▍柳紫闪蛱蝶的背面和腹面

金斑蛱蝶（*Hypolimnas misippus*）是热带和亚热带地区的蝶。中国南部一带，常能看到。它们虽从东洋一直分布到非洲，但不论哪处，数目总不多。这蝶有趣的地方，就是雌雄异形。雄蝶翅展只60毫米；但雌蝶大得多，有90毫米左右。雌蝶呈橙色的翅，上面散着白色的斑点；雄蝶是紫蓝色，前翅前缘及翅端的大半是黑色，斑纹是白色及黑色，脉和外缘也是黑色。雄蝶的色彩和斑纹，大概相同；但雌蝶呢，即使是一母所生，色彩和斑纹，也大大不同。这事却苦了采集家，有时竟错误地加上各异的学名。它们色彩斑纹这样变化，的确好像另外有某种理由。就是这种雌蝶和一种金斑蝶(*Danaus chrysippus*)很相像，在野外看到，简直难以分别。若制成标本则容易辨别，金斑蝶的雄蝶后翅有性标（由可以释放信息素的香鳞聚集形成），而金斑蛱蝶只有黑纹。金斑蝶也是我国闽广一带最普通的蝶，其身体有毒，能从各种动物的追击中逃出。而金斑蛱蝶的雌蝶，就模仿它们，也想同样逃出食肉性动物的虎口，这就是金斑蛱蝶的色彩斑纹有种种变化的原因。它们的幼虫，专吃一种杂草马齿苋的叶，所以倒是一种益虫呢！

▌一对金斑蛱蝶，左雌右雄

雌性金斑蛱蝶的模仿对象——金斑蝶

　　蜘蛱蝶（*Araschnia levana*）是当春雪融净后，在森林道上，或飞或止的小蛱蝶。所以它们是蛱蝶中最早出来的一种。翅展有三四十毫米。翅黑色，分布在我国北部一带。这种蛱蝶的特别点就是：它们的色彩斑纹，因生长时的温度高低而变化。这种蝶每年发生两回，四、五月里出现的，翅黑色，上面有橙色斑点散布着，这叫作春型（forma levana），七、八月里出现的，翅全部黑色，上有八字形的白条，这叫夏型（forma prorsa），像这样变换色彩的，叫作季节二型。第一代蝶是由越冬的蛹所羽化，而这种蛹，便是夏蝶所产的幼虫所化的。当初被它们的"换形术"瞒过，连采集家都认为是两种蝶，替它们各取了一个学名。最初看破这个错误，发现春型、夏型原来是同一种的人，是德国的道尔夫马矣斯台尔。那位有名的华斯蒙教授，是这样说明的：春型是祖先型，夏型则是因气候变化而来的后得型。

大概在冰河时代,这种蝶全是春型。后来,冬季缩短,气候渐渐暖起来,夏型方才发生。所以有一个有趣的实验:我们如果把应该成夏型的蛹捉来,放在冰箱里,那么它就会化成春型了。反之,要将春型改成夏型,虽不是不可能,但手续比较麻烦。而且,还可由增减温度,人工地造成种种中间型的蜘蛱蝶来。

▌蜘蛱蝶的春型背面(左)和夏型背面(右)

凤蝶

　　凤蝶形大色美,在蝶类中,的确如百鸟中的凤凰,得到这样一个堂皇的名字,也是应该。关于凤蝶,又有一个传说,说是一对得到悲惨结局的恋人梁山伯、祝英台,死后魂化为凤蝶,依旧形影不离地在花间徘徊。人们常把玉带凤蝶的雄蝶叫作梁山伯,雌蝶叫作祝英台。

　　属于凤蝶科的蝶,全世界已知610余种,现在就选两三种来讲讲。

德美凤蝶（*Papilio demetrius*）是黑色种内最普通的一种，分布在日本中部、南部。翅展 90 毫米到 120 毫米。前翅暗色，有两黑条；后翅是天鹅绒一般质感的黑色，但环纹和弦月纹是橙色的。尾状突起短而呈黑色。雌的颜色淡些，比雄的更大。幼虫要吃橘树的叶，成虫则吸花液，百合花、杜鹃花上尤其常见它们的踪迹。

凤蝶的有趣习性，就是有一定的会集场所，那边花啊草啊，可吃的什么都没有，但某时期大家一定去聚一聚。大概因为到那边去，容易碰到异性吧！我们有时看见它们沿着高高的山脊飞行，这大概是赴会去的。只要把它们山顶会集场所找到，便不论多少只都可以捉得了。

有时，凤蝶的会集场所设在河滩头，尤其是炎炎夏日，它们必定要到这里来喝水。这时，只要肯耐着心等待，也可捉得许多凤蝶。还有一些捕蝶人会在河滩上洒盐水，等待蝶前来群聚。这是因为钠离子对蝶卵的发育很重要。雄蝶通过吸水滤得钠离子，交配时再交给雌蝶。

▍集群吸水的玉带凤蝶

阿波罗绢蝶（*Parnassius apolla*）产在欧洲至中国新疆山地，翅展约 30 毫米，翅污白色，有黑斑，后翅有很大的红斑。它们遇到胁迫时，便会装死，落在地上。这时，即使用手去捉它，也毫不动弹，把它投掷开去，也毫无反应。若把它放在枝叶上去试试看，仍旧装着死腔，一动不动。要经过一些时间，再给它一种刺激，方才动起来。

此外，这蝶还有一特别点：雌蝶的尾端，有一卷状附属物。这究竟有什么用处呢？过去谁也不曾说明，后来据日本松村松年说，这卷状附属物，是交尾时，雄蝶的分泌物接触空气而硬化成的。所以这是受精的证据。这种附属物的形状和颜色，各有不同，普通是白色，也有淡黄，也有灰白。

交配中的阿波罗绢蝶以及交配后雌蝶尾端上罩子一般的胶状分泌物，它可以阻止其他雄蝶与雌蝶交配，因此每只雌蝶一生只能交配一次

此外还有翅上有两重圆斑的眼蝶亚科，像拟稻眉眼蝶（*Mycalesis francisca*）、苔娜黛眼蝶（*Lethe diana*）等，以及小型而翅上多白色

斑纹的弄蝶科，如直纹稻弄蝶（*Parnara guttata*）等，因为没有什么特点可说，也就省略了。

卵和幼虫

谁都知道蝶是要经过几次变化，才插上美丽的四翅，向空中翩跹作舞。这一变化方面，不再详说。只把各科的特点介绍一下，以供采集时参考。

蝶类的卵，若用显微镜扩大了看，便知道有种种形状：凤蝶科的卵，大概是球形，像珍珠般发光；粉蝶科的细长，而且像个酒瓶，有些上面还有纵襞（bì）；蛱蝶科的卵，同珍珠结成的球一般，有纵襞和网孔状突起；灰蝶科的，多呈大丽花形。

它们产卵时，以一粒一粒产为原则，但日本虎凤蝶（*Luehdorfia japonica*）及属于蛱蝶科的一些种类，是几粒几粒产的。至于附着卵的位置，更没有什么系统。像凤蝶科里，柑橘凤蝶（*Papilio xuthus*）是将卵附在将来的幼虫食料的柑橘等树的叶子表面，但日本虎凤蝶恰一定要产在叶底面；粉蝶科里，暗脉菜粉蝶（*Pieris napi*）是产在叶底，而豆粉蝶（*Colias hyale*）却要产在叶面。至于那有名的枯叶蛱蝶，偏偏不把卵直接产在幼虫要吃的马蓝等植物的叶子上面，却去产在树枝上，孵化的幼虫从枝上落下，恰巧到达马蓝的叶上。

蝶类的幼虫，我们常常叫它青虫或毛虫，构造和蚕一般无二，全身可分为头部及由 13 体节而成的胸腹部，第一到第三体节，各生着胸足一对；第六到第九，以及第十三体节，都生着一对腹足。可是形状方面，真是千奇百怪：诸位大概都见过吃橘树和柚树叶子的橘虫吧！如果去碰它们一碰，它们立刻从头后，叉叉地伸出两只黄色肉角，发散一种刺激性的气味。这就是柑橘凤蝶的幼虫啦。凤蝶科的幼虫，统统有这样的肉角。

柑橘凤蝶的末龄幼虫既有像蛇一样的假眼睛，还有模仿蛇芯子的肉角

凤蝶的幼虫，刚从卵孵化出来的时候，并不是这样绿油油的。它会随着长大，而逐渐变化。刚出生的一龄幼虫是黄色的，蜕一次皮就叫二龄幼虫。到了第三龄和第四龄时，幼虫身体就变成褐色中夹着几块白斑，常被错认作鸟粪。末龄才变成绿色。

粉蝶科的幼虫，形状多平凡，身上生满微毛。蛱蝶科的幼虫，头部和胸腹部，都有刺状的突起，所以通常叫它毛虫，不过这突起也因种类而有长短的。灰蝶科的幼虫，都呈馒头状，头部缩进。

蝶类的幼虫，有许多集在叶底吃叶的，但喜欢在叶面的也很多，而且有些用丝攀住叶子，稳固地集在上面的。像蛱蝶科中的电蛱蝶（*Dichorragia nesimachus*）等幼虫，当移向另一片叶时，常把头向左右呈"8"字形地摆几摆，就挂上一根丝。此外像大红蛱蝶（*Vanessa indica*）和黄钩蛱蝶（*Polygonia c-aureum*）的幼虫，常将所吃植物的叶子，用丝卷起来，或者将几片叶牵拢，自己住在里面。

蝶类幼虫，不像蛾类幼虫那样，把全无类缘关系的多种植物，都放在肚子里，而是只吃几种类缘极近的植物。类缘相近的蝶类幼虫，又往往吃同一种的植物。像凤蝶科，多吃柑橘类；粉蝶科多吃十字花科植物；蛱蝶科的黑脉蛱蝶和猫蛱蝶，吃朴树的叶；眼蝶科的全部和弄蝶科中多数，多吃禾本科的叶子。灰蝶科幼虫的食性，稍稍和别的不同，像亮灰蝶、琉璃灰蝶等的幼虫，喜欢吃豆科植物的花和嫩果。最特别的，是蚜灰蝶的幼虫。它要吃竹叶上的一种蚜虫。蝶类的幼虫，大部分是吃植物的叶子，连蠹（dù）入髓部和吃贮藏的谷类的都没有，这种食肉性的蚜灰蝶，倒是放一异彩的。

倒挂的蛹和长寿的蝶

　　蝶类的蛹，大多呈灰褐色和绿色。但形状方面，各不相同。像蛱蝶科、凤蝶科、粉蝶科、弄蝶科的蛹，前端常有长的突起；凤蝶科、蛱蝶科的蛹，有的身上有凹凸，有的有多处突起；灰蝶科的蛹，呈馒头形。关于蛹的色彩方面的有趣现象，是绿色的蛹多附在绿叶间，褐色的蛹多附在树干和墙脚上，动物适应的奇妙，真叫人惊叹。发生这种现象的原因，虽还不曾研究明白，但已发现的因素包括：化蛹位置的粗糙程度、光线明暗和温度情况。

　　蝶类的蛹，大体是不在茧里的，不过有幼虫要卷叶，或把几片叶牵拢的种类，蛹也仍旧在这些里面——尤其是弄蝶科的，坚牢地将几片叶缀合，简直不妨说是叶巢。凤蝶科、粉蝶科、灰蝶科、弄蝶科的蛹，一方面用臀棘抓住丝垫，一方面用束带状的丝绕着后胸或第一腹节部分；蛱蝶科、眼蝶科等，光把尾端固定，蛹却颠倒地挂着。所以前者叫作缢蛹，后者叫作悬蛹。

　　蝶类多在晴朗的昼间飞翔，但眼蝶科和弄蝶科中有几种喜欢在黄昏时活动。就是昼飞的蝶，也各有一定的出现时间。例如绿灰蝶之类，常在清晨和傍晚出来，在高高的枝头群飞。它们喜欢飞翔的地方，也是因种类而各异，多数爱在阳光照耀之处，而眼蝶科则多喜在阳光照不到的阴地。

▎姜弄蝶幼虫吐丝联结叶片，做成巢一般的叶苞

▎柑橘凤蝶的缢蛹，靠着胸部的带状丝和尾部的丝垫附着在植物枝条上

▎黑脉金斑蝶从悬蛹中羽化而出

　　蝶类是比较长寿的，可活到十多天，或几十天。它们经历了许多危险和艰难，到最后，这美丽的四翅，都弄得碎乱纷纷——尤其是鸟类，总是瞄准了翅上的斑纹而啄，蝶就舍弃了这部分逃命。

应用美翅的工艺品

"豹死留皮"，是一句很通俗的话。现在蝶类死后也都留下美翅，供人们应用。最普通的是，把从死蝶身上采来的美翅，就这样装在各种工艺品上，其中最美丽的，是用南美所产的一种蝶的翅做的。那些青白色的翅，光泽同丝织品一般，而翅脉又恰恰像褶襞，所以有人把它作为妇人的长裙，配上头、胸、两臂，装入镜框而出卖的也有。还有装在戒指上，或嵌入玻璃内，作为耳环上的装饰。在日本，也有把蝶夹在两片玻璃中，做成花盆或茶杯的垫子而出卖的。

蝶类还有一种特性，就顺便在这里一说，作为全篇的结束。

我们知道，蝗虫是常要集成大群，远远地飞到别处去。但蝶类也有这等群飞的特性——尤其是小红蛱蝶，常常有关于它们群飞的报告。非洲曾有一次小红蛱蝶种群大爆发，它们竟遥遥飞渡地中海，而到欧洲北部。

日本在昭和五年（1930 年）八月二十一日那天，也有直纹稻弄蝶(*Parnara guttata*)的大群，从近江的石山，经过大阪，直到垂水洋面。听说直纹稻弄蝶的大发生，是和水灾有相当关系的。

第四章
蝉

种类和异名

当春蝉传来几声轻快的调子，人们便会不知不觉地有一种飘飘然的春感。即使不曾看到花开蝶舞，黑胡蝉从绿叶茂密的枝头，传播它煎炸似的声音，我真仿佛自己也在油锅中煎炸，它不但来报告夏季已到，而且要用这种单纯尖高的调子，凭空增加多少炎热啊。听到如泣如诉的秋蝉歌声，往往要起一种凄清寂寞之感。如果是诗人的话，便会写出"悲秋""秋感"的诗歌来。所以昆虫世界里，即使有许多出色的歌手和琴师，但能够从春到秋，轮流地用各种相应的声调，使人们凭着听觉，便知道时令更迭的，除蝉之外，恐怕找不到吧。

《埤雅》上说："……谓其变蜕而禅，故曰蝉。"这是它得到这样一个名字的原因。日本人叫它"背见"，因为两颗高高突起的大复眼，使它能够看到自己的背脊。当晚春四月，蜜蜂正嗡嗡地在花丛中忙碌时，春蝉便悠闲地在枝头开始唱歌了，接着而来，临风高歌的，是螗蜩、黑胡蝉、茅蜩，到夏去秋来，更有多情寒蝉，低唱别曲，作最后的点缀。现在就按着它们出台演奏的节目单，来个别地介绍一下。

黑日宁蝉（*Yezoterpnosia vacua*），常被叫作春蝉，又名蚱母。《事物绀珠》上说："母似蟒而细，二月鸣。"其实它要到四、五月里才出现。体长27毫米，翅展67毫米，黑色而有金毛。腹部短小，灰白色，基部暗褐色。不常见，只在山中松林里，"其——滑，其——滑"这样起劲地鸣叫。

蟪蛄（*Platypleura kaempferi*）的别名最多。《方言》记录："齐谓之螇螰，楚谓之蟪蛄，或谓之蛉蛄，秦谓之蛥蚗，自关而东谓之虭蟧，或谓之蝭蟧或谓之蜓蚞。"更因为它是初夏才鸣，又名"夏蝉"，体形也较小，长约23毫米，翅展70毫米左右，体阔而扁，呈黄绿色，上有黑纹，前翅有不透明的黑褐斑。七、八月里，从早到晚，不绝地在森林中，用"尼——尼——"或"西——西——"的清越声调歌唱。

蟪蛄前翅有灰黑色的云状斑纹，成虫飞行能力弱，除寻找食物、配偶外，很少长距离飞行

黑胡蝉（*Graptopsoltria nigrofuscata*）是最普通的一种蝉，古书上多称蜩，通俗就叫作知了。体长36毫米，前翅张开有一百多毫米。身体肥厚，现黑色，胸部略带点褐色，肚子上面还有一层白粉盖着。两只大复眼中间，有红宝石似的三点单眼，在发光。翅是褐色，前翅的脉现绿色，而沿着翅脉的两边，带些黑色，看去恰像树皮。在七、八、九三月内，常常到人家附近，用"其——其——"这般单调而高亮的声音，从清早直叫到日落西山。

▍黑胡蝉翅上的花纹很是美丽

　　蟪蝉（*Tanna japonensis*），也叫日本暮蝉、茅蜩。身躯较小，雄长 37 毫米，雌长 27 毫米，体黄褐色，上有绿纹，腹瓣小，是带绿的黄白色。从七月到九月出现，每天早上或傍晚，常常唱着"加那加那——加那加那——"这样简单的曲调。同时期出现而又常常合奏的，还有一种斑透翅蝉（*Hyalessa maculaticollis*）。

▎被蝉寄蛾寄生的蟪蝉

松寒蝉（*Meimuna opalifera*）有寒蝉、秋蝉等别名。体长 27 毫米，翅展 79 毫米，体细长而黑，头、胸部有黄绿纹。到了秋天，它就在人家附近用哀婉凄清的歌调，来致惜别之歌，所以古人常用什么"寒蝉泣"的句子。据《埤雅》上说，寒蝉本来是哑的，得了寒露冷，方才能鸣。这就是"噤若寒蝉"这成语的根据，因此它又得了一个哑蝉的称呼。

此外，还有美国的十七年蝉，以及产在南洋苏门答腊，前翅张开有 200 毫米以上，算全世界蝉类中最大的帝王蝉。

蝉的一生

雌蝉在出土后半月左右，便着手产卵了。它用一根长的产卵针，斜斜地向树干插进去——这时，肚子一伸一缩，两产卵瓣静静地活动。到全部没入时，就伏着不动了。大约经过十分钟，产下一颗卵，又不愿使产卵针弯曲似的将它缓缓拉出。于是用两产卵瓣开的洞，又自己闭合了。接着，产第二粒卵的工作又开始了。

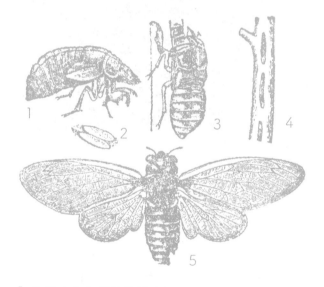

美国十七年蝉的生活史
1.若虫；2.卵；3.蝉蜕；4.产卵的树枝；5.成虫

大蝉的卵，同白象牙般莹润，两端略略尖细呈纺锤状，排成一线。小蝉的卵，比较小些，排成整齐的几行。到了九月底，这种象牙般莹润的白色，变成小麦似的褐色。一到十月初，卵前端有栗色的二圆点，透露出来，这就是小动物的眼点。蝉的卵期是六七个星期。

当像蚁一般的若虫，从卵孵化出来，已是十月底了。蝉是没有蛹期的不完全变态昆虫，这类昆虫的幼虫期叫作若虫，对应完全变态昆虫的幼虫。

▌蝉卵接近孵化时可见若虫的眼睛

这种若虫从树上落下，或者跟着枯枝一同落到地面，它就会向地下钻、钻、钻，直钻到三尺多深的地下，在那边吸收树根的液汁。这时，全体深褐色，腹部带点白色，中央还有一条乳白色的纵线，前肢的胫部，并常膨大而且有几个突起。我国古代，也会把蝉的若虫和金龟子的幼虫（蛴螬）搞混。

蝉在地下蜕皮的次数，以前会说有 25 次到 30 次，现在知道只经过 4 次，就变成末龄若虫。末龄若虫通体淡褐色，长着翅芽，从地中爬出，攀登草木。经过最后一回的蜕皮，便变成蝉。于是长长的黑暗生活完结，又重睹光明了。它脱下的蜕，往往径直粘在树干上，这叫作蝉蜕。

末龄若虫蜕皮（也称羽化），通常需两小时左右

　　蝉的成虫期十分短促，四五个星期，便要死去。但若虫期很长，普通是二三年，印度有九年的，美国有十七年的。十七年蝉（*Magicicada septendecim*）在昆虫世界里，真算寿星了。

　　蝉的地下生活期间是这么悠长，所以每年要耕锄几回作物又常常变换的田地，不适于它的生长。只像森林果园等，有树木而又不大耕锄的地方，才能成长。

　　终日歌唱的和平者，好像和人类在生活上不会发生什么利害关系似的。可是从前美国人，竟大大地吃过它的亏，有过"蝉灾"这么一回事，因为太多的蝉产卵竟把许多树枝折断了。事情真有趣，一百年前吧，美国人从英国移入了一些雀，现在已繁殖得很可以，夏天会起劲地捉蝉吃。可是，这些雀一到了秋天，就要糟踏米壳，这真是"引虎拒狼"了。

蝉歌

我们试看临风高歌的蝉，只有一根针一般的口器。这种口器不用说唱歌，连咀嚼都不成功。那么，它终究用什么发出这样嘹亮的声调呢？《淮南子》上也说："蝉无口而鸣。"这无口而鸣，在古代认为是一件奇事。但《真珠船》记载："余睹蝉两胁下有孔，实能振迅作声，谓以翼鸣，非也。"可见那时已经发现它的发声器所在处了。

雄蝉的胸部下面，紧贴后肢，有两块半圆形的板，这叫作腹瓣。我们试把这腹瓣揭起，左右有两个大大的空窝。窝的前面，有淡黄色的膜遮住，后面有肥皂泡似的呈虹色的膜，这叫镜膜。腹瓣、褶膜、镜膜，有人把它们当作蝉的发声器。

▎雄蝉腹瓣下的镜膜

可是，你就是用镊将腹瓣取去，扯破了褶膜，割开了镜膜，蝉还是依旧唱个不歇，只不过调子变了，音声没从前那样响亮了。其实左右空窝是不发声的共鸣器，前后膜的振动，使音声更响，腹瓣或多或少地半开，使音声变化罢了。真的发声器还在别处。

粗心的人，要想发现蝉的发声器，倒是相当困难的。左右空窝的外侧，腹背接合的地方，有一个小小的孔，用平的腹瓣盖着，里面是比左右空窝更深，但有十分狭窄的一条隧道，这叫鼓室。后翅着生处的后面，有卵色而低低的隆起，就是这鼓室的外壁。如果把它揭去，那么便能看到发音的鼓膜了。这是白色卵形，向外突起的干燥的小膜，从这端到那端，有三条翅脉束通过，使膜有弹力，而且在两边又镶上了硬框。这突起的膜，被向里面拉去时，就变形而凹下，此后由有弹力的翅脉作用，急激地突出还原。这样一凹一凸，便发出"格格"的声音。

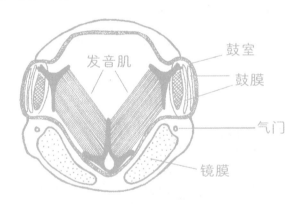

雄蝉的发声器构造剖面图

我们在幼年时代，曾经玩过一种名叫"乒乓"的游戏。这不是乒乓球，是用极薄极薄的玻璃制成的底部微微凸起的瓶子，衔在嘴里一吸，瓶底便一凹，接着又因玻璃的弹力作用，向外凸出。一凹一凸，便发出"乒乓"的声响。蝉类鼓膜因一凹一凸而发声的理由，完全和"乒乓"一般。不过"乒乓"因人们的吸气而凹下，蝉类的鼓膜，又是什么东西在拉扯呢？这是应该研究的问题。

我们再看这空窝，把前面淡黄色的膜切破，就可看到苍白色、呈V字形的两根粗肌肉柱，尖端附在腹面中线的内侧，这就是发音肌。两根都呈空心的截筒形，再从截口放出短的细纽，名腱突起，附在鼓膜上。由这两根肌肉柱的一收一放，鼓膜跟着凹凸振动，便发出声音，再因空窝的共鸣作用，镜膜、褶膜的帮助，腹瓣的开合，才变成嘹亮抑扬的歌调。法国昆虫学家法布尔，说它是"高叫的聋子"。的确，蝉的声调很高，因为它有这样一架完美的发声器，但是它并不聋，主要通过鼓膜听器和神经系统对声波信号进行接收和解析。

不过鸣的全是雄蝉，雌蝉是不会叫的。所以希腊时代有两句传诵一时的名句："幸运的蝉啊！你有哑巴的妻子。"

各种的蝉，都按着各自的曲谱，抑扬高低地歌唱，这是谁都知道的。当听到蝉声时，不妨猜猜是谁在歌唱吧。

敌人

一只雌蝉，要产三四百颗的卵。因为在生长中间，将遇到种种危险，只好用多产来抵抗。可是，真想不到，连长成后的蝉，还要受到比别的昆虫更多的灾难。它具有锐利的眼光、迅速的飞行力，而且在高高的树枝上，不怕什么东西的暗算，似乎已具有十分的避敌本领了，但雀偏偏爱吃它。当它得意地高唱时，雀像很有计策似的，悄悄地从邻近的屋顶，钻入树荫，突然扑住了"歌手"。歌手虽大吃一惊，发出尖厉的声音，雀却毫不放松地用嘴交互向左右乱啄。雀知道这是雏鸟们爱吃的食饵，更细细地撕裂成几片，忙忙地衔回去。有时蝉知道攻击者来了，就对准它的眼，灌射一泡尿而飞去。

　　还有比雀更可怕的敌人，这就是螽斯。蝉，耐着炎热，奏了整天的交响乐，一到夜里，总想休息一下，可是在这休息时间中，还要屡次受别人的打搅。有时从茂密的树荫中，漏出短促而尖锐的悲啼，这就是说明它已遇到夜间热衷打猎的螽斯的袭击了。螽斯扑住蝉之后，先向它的腹侧，开一个洞，把肚子里的东西拉出来。把各种"乐器"饱吃一顿之后，再将这歌手杀死。当这披着绿纱的强盗，追赶惊飞的蝉时，完全同鹰隼在空中追赶云雀一般。鸟类多向比自己弱小的生物进攻，螽斯恰恰相反，会攻击比自己更大更强的巨人。它用强大的颚和锐利的爪，去剖没有武器、只会高叫的捕虏的肚子，是不费什么力的。至于螳螂捕蝉，更是大家都知道的。

▌一只被广斧螳螂捕获的蒙古寒蝉

冬虫夏草

我国药草里，有一种冬虫夏草，又叫蝉茸，这是向来被认作一种奇异的东西。据说它冬季里，便会化成虫，躲在泥土中，一到夏季，又化成一根草，钻出地面来。假使你向药店里买一根来看看，的确上面是一根草茎，下面是一条虫。这不是一个宇宙间的谜吗？

奇异的蝉茸

其实说穿了毫不足奇，原来就是蝉的若虫：地下黑暗潮湿，很适于菌类的居住，所以当蝉的若虫在地下过活时，难免要受菌类的攻击。有一种菌，寄生在蝉的若虫的肚子里，就在那边发育长大，和寄生在人们肚子里的绦虫、蛔虫一般。到了蝉的末龄若虫时期，菌已长得在窄狭的肚子里容不下了，它就毫不客气地穿出背片发芽滋长。这时，如果给人们掘得，便认作正在化草的虫，就叫它冬虫夏草。

在唐代的《酉阳杂俎》中，有下面一段记载，倒可作冬虫夏草的旁证。

蝉未脱时名复育，相传为蛣蜣所化。秀才韦翾庄在杜曲，尝冬时掘树根，见复育附于朽处，怪之。村人言蝉固朽木所化也。翾因剖一视之，腹中犹实烂木。

腹中的烂木，也许就是寄生的菌类，因此倒因作果，生出"烂木化复（腹）育"的神话，我是这样想的。

不过冬虫夏草，也有由别种昆虫的幼虫变成的。

史 话

唐朝时候，京城里那些游荡人，一到夏天，就捉蝉出卖。嘴里连声嚷着："只卖青林乐。"小孩子争着去买，用笼子挂在窗口，听它的清歌。还有验它发声的长短，来定胜负的，叫作"仙虫社"——见《清异录》。

古希腊人也同样将蝉放在笼子里养着玩，作为娱乐。雅典的妇人们，喜欢用黄金造的蝉，装在簪头，插向髻上。那时的竖琴上，多装上一只蝉，作为乐器的标识，这些更是用蝉做装饰品了。

我们唐代的大诗人杜甫和韦某有过关于蝉的一个故事：据说杜甫当有朋友来的时候，总要带自己的妻子出来见见。韦某见了回来，又差自己的妻子，送一只"夜飞蝉"去，给她做装饰品。但这"夜飞蝉"究竟是真蝉呢，还是也同雅典妇人们所用的黄金蝉一般，是制造的装饰品呢？那就无法考究了。不过《物类相感志》上有说，妇人佩戴着干制的茅蝉，能够增加夫妻间的爱情。因为这种茅蝉，当停在茅草根上时，是两两相对的。那么"夜飞蝉"也许是某种干制的蝉吧！

汉朝时，有名叫牛亨的人，去问以博学出名的董仲舒："蝉的别名叫作齐女，究竟是什么意思呢？"董仲舒回答说："从前齐国有一位王后，怨齐王而死。她的尸体就化成蝉，飞上庭树，悲哀地叫个不休，吐吐生前的怨气，所以叫作齐女。"——见《古今注》。这可算一则关于蝉的传说。

蝉和蚁的寓言

凡是有名的事物，总有种种关于它的故事发生，尤其是昆虫。凡具有某种特点能惹起我们注意的，就常采作民间传说的材料。创造这些故事的人，常把动物世界当作人间世界来演述。这般创造出来的故事，究竟是否真实，实在是一个大问题。

例如，儿童读物上常看到的蝉和蚁的寓言。大意是说：有一只蝉，在夏天时，临风高歌，非常得意。到了冬天，因为没有粮食贮藏，向它的邻人蚁商借。蚁便说："你在夏天唱歌，那么现在跳舞好了。"可怜的蝉，便只好活活饿死。

这则寓言，在道德方面的缺点，且不去说它。从自然科学的知识方面来看，则恰恰相反。能够独立生活的蝉，决不会站在蚁巢口诉饥；只有凡是好吃的东西，不管什么就往自己仓库里搬去的贪婪的蚁，倒有为饥所逼向邻人商借的事。不，其实不是商借。在掠夺者的习惯上，从来没有什么借咧还咧。它们是将蝉围住，自己动手抢去的。现在我就讲一则大家不大知道的有趣的掠夺故事吧。

据法布尔说，当七月的午后，许多小虫都渴得发慌，在干萎的花上彷徨。蝉却哈哈冷笑，笑这班家伙的不中用。它停在灌木的小枝上，一面歌唱，一面举起针一般的嘴，在因晒热的树液充满而膨起的坚滑的树皮上，开一个孔，静静地、快活地喝水。

▌蝉的刺吸式口器，可以吸取植物枝干的汁液

看了一会儿，又碰到意外的悲惨的事情了。许多在附近彷徨的渴者，望见了这甘泉外溢的"井"，立刻向这边过来，细心地吸食溢出的树液。这甘泉的周围，有细腰蜂、小蜂，更有许多的蚁。

小小的蚁钻到蝉的肚子下面，直走向泉眼边去。和善的蝉，对这些要爬上身来缠扰的流氓，总让开一条自由通路给它们。但它们等得不耐烦了，就不管三七二十一地攻击，将开掘泉眼的人赶开泉边。

这攻击中，最不肯放松的就是蚁。蚁咬住蝉的足尖，拉它的翅，攀到它背上，或弄它的触角。有时竟像要捉住蝉的吻，从甘泉中拔出。巨人被孩子们缠扰得再也忍不住了，终于抛弃这甘泉，放了一泡尿走开。蚁掠夺的目的达到了，它们是泉的主人了。不过，汲水的唧筒不动，井又立刻干了。

那则蝉向蚁借粮的寓言，是希腊寓言作家根据印度传说而写的。当初的主人公，也许是另一种虫。作家因为雅典没有这种虫，就用蝉来代替。结果使它平白地受了几千年的冤屈。

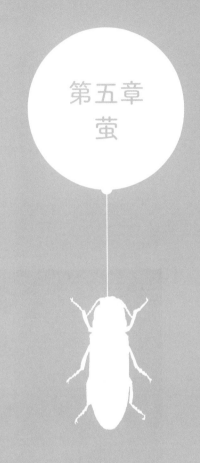

第五章
萤

异名

　　在残暑未消的夏夜，便有绿莹莹的火星，在河边池畔的草丛中，闪烁不停地，穿梭似的飞舞。这多么使人惊奇啊！所以这小小的动物，和人没有多大关系的小虫，早早惹起了先民的注意。古希腊人叫它拉恩批鲁，意思就是"拖着灯笼走的虫"。我国不单把含有两个"火"的"螢"（古"萤"字）作为它的名字，而且用"炤"（古"照"字）"挟火""耀夜""夜光""自照""丹鸟"等意义更明显的名字称它。

▎萤火虫可以通过神经系统控制是否发光

种类

昆虫学上所说的萤和普通所说的萤，意义多少有点差异。按普通的说法，凡是夜里发光的鞘翅目昆虫，都叫作萤，所以像美洲产的发光叩头虫，也包括在内。昆虫学上所说的萤，不单以发光为标准，虽不发光而形态相同的昆虫，也包含在内。严密地说来，是有"萤科"这么独立的一科。属于萤科的昆虫，现在所知道的，全世界有 2 200余种。

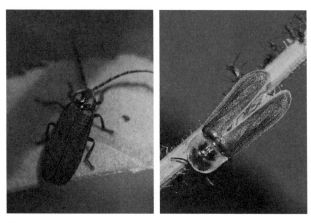

雄性北方锯角萤（左）、雄性欧洲萤（右）的外形对比

北方锯角萤（*Lucidina biplagiata*）分布在库页岛、西伯利亚以及欧洲，是北方种的代表。雌雄的形态，各不相同。前后翅和复眼都很发达，体长12毫米左右，前胸背部的前缘，有两个半透明的小白点。此外的边缘，都是黄色，背部全是黑色，体的下面是暗褐色，但第六、第七两腹节是黄色，里面有发光器。雌的后翅全然没有，前翅只存

一些痕迹，所以不会飞翔，外貌简直同幼虫一般。体长有 20 毫米，发光器在第八腹节，能够放射比雄虫更强烈的光线。

此外还有窗萤，前胸背面的前缘有一对透明的椭圆形的天窗，就在头缩进去时，也可用复眼看到外面的动静。

▍窗萤的橙色前胸背板上有两个透明窗点

黑尾熠萤（*Luciola picticollis*）是黑色的，体长 9 毫米，七月中旬到八月上旬，常在山中出现。黄昏时不发光，要到半夜前后，方才赫然地放光。中国台湾地区所产的萤种，种类很多，而且身躯大。雄虫的光线，委实好看，它停着的树枝，宛同大商店的霓虹灯。据说日本占据台湾时，有一次夜里看到萤群飞舞，认作台湾原住民拿着火把来偷营，赶忙发炮轰击。

发生

古代的人们，对于萤这种奇特的小虫，虽已早早感到兴趣，用诗来歌咏。可是，关于它的发生经过，没有做长期的观察，所以便有种种错误的臆说出现。在日本，说是从马粪和狐粪变化出来的；在朝鲜，说是从狗粪化出来的；我国《礼记·月令》记载为"季夏之月……腐草为萤"，《格物总论》中更说得煞有介事，它说：

> 萤者，是腐草及烂竹根所化，初犹未如虫，腹下已有光，数日，便变而能飞。然生阶地池泽，常在大暑前后飞出。是得大火之气而化，故如此明照也。

总之，不论中国、日本、朝鲜，都把它归在"四生"中的化生里面了。到了现在，当然大家不会再相信这种化生说，不过能够知道萤的发生的真相的人，也不见得多吧！

萤是属于昆虫类中的鞘翅目（*Coleoptera*），依然要经过幼虫和蛹的时期，方才能变成虫。它的卵是淡黄色的小粒，产在水边、落叶和泥土下，夜里不断地发青光。里面的胚子一发育，就慢慢地黑起来了。普通产后一个月左右，便有淡灰色的幼虫孵化出来。幼虫的身躯，呈长纺锤状，两端尖细，上下扁平，由许多环节组成。三对步足很发达，尾端稍前的两侧，有发光器，到了夜里，便放射青光。

幼虫在水边或水中生活，捕食小动物，有的会吃螺蛳的肉。严寒的冬季一到，便躲向地下去。直到来年四月，再出地面，继续生活。

到了五月里，又向泥中挖掘一个小小的洞，在里面蜕皮化蛹。蛹和成虫很相像，有短短的翅芽，全身呈淡黄色，夜里不绝地放射美丽的光辉。生发光器的地方，虽因种类而各不同，但这种美丽的光线，总能把淡色的身躯照成透明，这是萤一生中最漂亮的时期。大约经过半月光景，体内的改造工程完毕后，便蜕皮而爬到地面上来，我们就叫它"萤"。

奇妙的攻击法

虽然多数的萤是只吃雨露（成虫口器退化），怪可怜的小虫，但在幼虫时期，却是颇凶恶的强盗。不论住在陆上的，还是住在水中的，大部分是吃蜗牛等螺类过活。它们在吃之前，先使它麻痹——用大颚给它注射一种麻醉性的毒汁。它们大颚的钩和蝮蛇的齿一样，是中央空的，恰恰像我们用的注射器。它们注射时的动作，又十分轻柔，决不使蜗牛因受惊而从草秆或墙上滚下来。这种毒汁使蜗牛立刻麻醉，丝毫没有遁逃的力量。这也和细腰蜂用毒针刺进毛虫的身体中，使它们麻醉一般。蜗牛到了危机将临的时候，赶忙分泌大量的泡沫，想赶走敌人。但萤的幼虫，尾端长着排除这种泡沫的12根肉状突起，蜗牛的泡沫，对萤的幼虫，并不能作防御武器用。

那么当蜗牛被麻醉后，它们又是怎样吃的呢？难道真的咀嚼吗？严格地说来，萤的幼虫是只喝不吃的。它们是和蛆虫一样，将食饵变成清汤喝下去的。对付蜗牛时，总只是一只——不论蜗牛的身躯怎样大。过了一会儿，便有两只、三只、四只或更多的陪食者，走拢来了。对这位真正的所有者，并不发生什么争执，大家就一起开始吃了。经过两天光景，都吃得饱饱地走开，这个蜗牛壳，依旧粘在当初受攻击的地方。你如果去拿来一看，里面只有些留在壳底的残羹剩汁。所以萤的幼虫的口，除注入麻痹性的毒汁外，还能够分泌一种能将筋肉化成汤汁的液体，那是无疑的。

▌欧洲萤幼虫吃蜗牛，主要依靠分泌消化液进行体外消化

萤火

  萤如果只会残杀隐士式的可怜的蜗牛，没有旁的才能，也许不会被一般人知道。可是，它还会在尾端挂起一盏灯。萤的发光器的构造，因种类和发育上的时期而各异：有蛹和幼虫相同的，也有蛹和成虫一样的。还有到了成虫时期，除本来应该有的外，又有和幼虫相同的发光器。照一般说来，成虫的发光器，是由紧贴在透明的皮肤下面的发光层，和相对的反射层而成。我们试把萤的发光器，削下一片来，放在显微镜下细看，那么便可看到表皮里面，铺着一层淡黄色细粉。这就是发光层，由许多大细胞组成。你若再仔细耐心地看，便见四面布满了奇妙的管子。短而粗的管子，突然分成无数密生的细枝：有的在发光面上蔓延，有的钻进里面。这就是气管和气管枝，和呼吸器官相连，它的作用，在于充分吸收和分配空气，使这层淡黄色的细粉起氧化作用。反射层是由含着许多蚁酸盐或尿酸盐的小结晶的细胞组成，发乳白色。它的作用是不让光射到内部器官中去。

  现在剩下的一个问题是：这种淡黄色的细粉，究竟是什么性质的？学化学的人，起初认定是"磷"。竟有将萤活活地烧煅，取出元素来试验的人，可是，谁也不曾得到满足的解答。又有人说是脂肪体。现在的科学家已经基本掌握了萤火虫的发光原理，即荧光素在 ATP（三磷酸腺苷）和荧光素酶作用下被激活，与氧气发生反应，形成氧化荧光素并且发出荧光。

  萤火是只有色光线（可视线）而没有红外线、紫外线的辐射线，实在要比人们的灯经济得多。我们现在所用的煤气灯、电灯，都平白地产生了许多热。这不单是浪费，而且容易发生种种意外的危险。如果人们能够制造萤火一般的冷光，那么既不会失火，也不会烫伤，风也吹不熄，雨也淋不灭，该多好哇！许多人想发明这种冷光灯，不知费去了多少心血，到现在还是徒劳。

"萤火虫竟能随意处置这种光的放射吗？"对于这个问题，我倒能够回答得更清楚些：萤是能够照着自己的意思做的，通过发光层的粗管，尽量吸入空气，光便增加；通气缓一些，或竟停止，那么光也弱了，消灭了。气管上面布有神经，萤可以照自己的意思收放。

萤火虫的光究竟有些什么用处呢？为了生殖关系，雌雄互相引诱用的，这是已经由种种试验而明白的了。那么和生殖毫无关系的卵、幼虫和蛹，为什么也发光呢？这大概是威吓要吃它的动物，同时表明自己的肉是苦的，不适食用，有一种警戒作用。幼虫也许在找寻蜗牛等时，又作灯笼用的。

求婚

雌萤的火，明明是在引诱爱人，要求交尾。可是，再仔细一看，雌萤不是肚子下面点着火，在照地面吗！那么雄萤在上空中绕飞，有时一直飞到远方，怎么能看到呢？照理，辉煌的诱惑物，不应该瞒过关心者的眼，所以灯笼不应该装在腹部下面，最好装在背脊上。可是，你试把一只雌萤捉来，用铜丝罩罩住，周围放些花草，挂在高枝上，仔细地、耐心地看去，便可以证明上面的推想，完全不合。这时，它并不像在草根时那样宁静，而是剧烈地运动，扭着非常容易弯曲的尾尖，向各方面起劲活动，先扭向这方，回头又掉向那边。于是，不论地面，不论空中，那些作为恋爱探险者的雄萤们，对这辉耀的"招引之火"，总一定看到了。这也同旋转镜子捉云雀的方法一样，镜子静置时，云雀不会留意；若骨碌骨碌不停地旋转，光芒很快地闪射，云雀便看得发呆了。浙江省绍兴一带，还有旋转雨伞捉鸥鸦的方法，道理是一样的。

▎雌萤火虫在吸引异性

　　雌萤有招引求婚者的技术，雄萤也有从老远便能看到"招引之光"的灵敏视觉。雄萤的胸部，胀满得呈盾形，同学生帽上的鸭舌遮阳一样，它的作用，就在收小视界，集中视力到目标的发光点上。

　　交尾的刹那间，萤光十分淡弱，几乎消灭，只最后的环节上，有一点微火在活动。因为在举行婚礼的时候，若灯光辉煌，反而怪难为情的。这时，邻近的多数夜虫们，把自己的工作暂抛一边，一齐低唱祝婚歌。

▎萤的交配

交尾之后，不久就产卵了。可是雌萤好像不会尽母亲的责任，它也不管泥地或新芽，乱撒一阵就算了。

最奇妙的是，萤卵还在母亲的肚子里时，就已经发光了。孕着成熟的卵的雌萤，你如果在无意中将它弄破，那么你的指头上便有发光的细长条子，这便是从卵巢中挤出来的卵块；而且到了临产期，卵巢内的荧光便透过雌萤的肚皮，放射出柔和的乳白色光。

轻罗小扇扑流萤

　　繁星满天，皓月未升的夏夜，树荫草上，偶然随风飞来了几只萤，引得孩子们拿起芭蕉扇，嘴里唱着"萤火虫，夜夜红"的童谣，东追西逐地去拍，这是多么富有诗意的一回事——在这等情景之下，总不知不觉地要想到唐人"轻罗小扇扑流萤"的诗句。可是富贵人的思想，终究特别些。据《隋书》所载，隋炀帝大业十二年（616年），行幸景华宫时，特地征集了几斛萤，夜里，在山上放它，碧光点点，布满岩谷，真是好看。但萤火并不是专供荒淫的皇帝取乐用的，它还能照顾贫苦的学生和旅行者呢！

　　在黑暗的夜里，萤光的确可以看书，不过只限狭狭的范围。你若把许多萤聚在一块，它们虽各自发光，但已成了光的交响乐。而在我们的眼里，只见一团碧光。从前有一个贫而好学的车胤（yìn），就是用这种聚萤的方法，照着读书的。《格致镜原》中记载如下：

　　车胤好学，常聚萤光读书。时值风雨，胤叹曰："天不遣我成其志业耶？"言讫，有大萤傍书窗，比常萤数倍，读书讫即去，其来如风雨至。

　　中美、南美和印度的萤，比我国的大得多。它们在苍绿如滴的热带森林中，成群飞舞，真像大雨之后流星满天。这种特别的萤，不单可以装点自然界，又是热带森林旅行者必不可缺的东西。在南美森林中旅行的人，不用什么灯笼和电筒，只需捉一只萤，缚在皮鞋头上便行了。他们靠了这萤火，可以同白天一样地赶路。一到天亮，便把这盏活灯笼，挂在树枝上，送给这天夜里的旅行者。所以在南美地方，这种萤很受原住民的爱护。

墨西哥海上，从前是海盗出没的处所。航海的人，不敢点灯，竟用萤火代替。专重实用的英国人，总比别人会利用些，他们把萤装在玻璃瓶里，塞好口子，沉到水里，再用网去捉群集于光边的鱼类。日本夜里钓鱼的人，常把萤装在浮子上，这样便可知道有没有鱼来吃饵。西班牙的妇人，喜欢把萤包以薄纱，插在头发上，和我们戴花一般，青年们更有把它装在衣服和马鞍上，作为一种饰物。这些都是连萤自己也想不到的利用法。

萤火虫是对环境变化非常敏感的生物，由于栖息地丧失和光污染的影响，群萤闪烁的景象日益罕见

第六章
蚊

可怕的蚊

侵害人体的昆虫，种类有不少，但蚊的确要占相当高的地位。它除直接吸食血液外，还要间接传播种种疾病，像疟疾、丝虫病、黄热病、登革热等。它传播疾病的经过，下面再细讲。现在把它倾覆古代罗马的事实，简单介绍一下。

古代罗马曾煊赫一时，大概谁都知道，无须多说。不过当它们东征西讨，远播威声之后不久，也就奄奄一息地衰落了，灭亡了。原因虽颇复杂，但蚊传播的疟疾，的确是其中之一。罗马为扩张国土而远征西亚、北非的时候，曾俘虏了许多原住民回来，不料无形中播下衰亡的种子。这些原住民中，有不少害着恶性疟疾，这病就由蚊传播到罗马民族间。于是刚健好武的罗马民族，渐渐衰弱，而罗马帝国也同落日般一忽儿灭亡了。

法国人开掘巴拿马运河时，更大受蚊的侵害。工人、职员害黄热病而死的很多，竟使得这一带地方被称为"白人之墓"，连工程都停止了。后来美国人继续开掘，就是先把蚊驱除，才能把运河开通的。

常蚊和疟蚊

蚊是最普通的吸血性双翅目的昆虫，全世界已知 3 600 余种。历史上，同种异学名的不少，竟有一种而得了三四十个异名。分布上，热带多些，寒冷地方较少，但也有分布全世界的种。

学术上所称的蚊科（*Culicidae*），是把吻长、翅和体表有鳞片的双翅类昆虫，都包含在内，其中原有许多非吸血性的。

蚊科又可分为两类：一是按蚊亚科（*Anophelinae*），因为部分可以传播疟疾，又叫疟蚊；一是家蚊亚科（*Culicinae*），含着疟蚊以外的大部分，也称常蚊。温带地方，疟蚊的种类极少，数目也少，几乎全是常蚊类。热带地方，疟蚊的种类虽不少，但和常蚊类的比较起来，却仍旧是少得多，而且数目方面也同样少。

疟蚊因为能传播疟疾，所以大家都颇注意，其实常蚊也不能忽视，像黄热病、丝虫病等，都是由常蚊传播的。伊蚊传播的黄热病尤其算一种极凶险的传染病，幸而分布的地域不广，主要在中南美洲和非洲的热带地区流行。

疟蚊类和常蚊类，在习性和形态方面，有显著的差异，无论幼虫时期、成虫时期，都容易看出。现在简单地说明如下。

成虫的头部，吻在中央，两侧有触角和下颚须。触角上各节的毛，两类中都是雄的较长。触角却可以作为区别两类的特征——疟蚊类的雌蚊，触角差不多和吻同长；常蚊类的雌蚊，触角都比吻要短得多。疟蚊类的雄蚊，触角也大略和吻同长，但末节膨大；常蚊类中，触角虽长的短的都有，但末节都不膨大。当静止在直立面和平面时的姿势，两类也有显著的不同，常蚊类身子多和物体表面呈平行，疟蚊类多呈 45 度左右的角度。

疟蚊类的卵，是黑色纺锤形，平铺地浮在水面。产时是一粒一粒地产下，但多数又集成稀疏的麻叶形。常蚊类中也有的会产和疟蚊相似的卵，像草蚊类，但大多数呈酒瓶状或棍棒状，粗粗的下端，有浮游具，使它直立在水面，颜色是黑褐色。产时也不是一粒一粒地产，一次产下的卵，全体附在侧壁，呈纺锤形，两端微微向上翘，和独木船相似，所以在西欧被叫作"卵舟"（英语是 raft）。疟蚊类的卵，在自然界中不容易看到，而常蚊类的卵舟，倒是常常得遇。

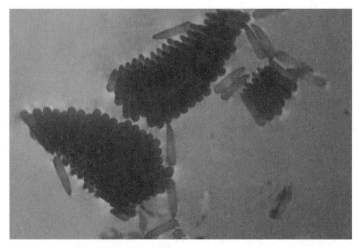

▌常蚊的卵舟，部分破损而显示出单个卵的形状

蚊的幼虫的腹部，是由九节而成。常蚊类在第八节有长管的呼吸器官。疟蚊类不是用这等特定的呼吸器官，而是用体表面直接呼吸。所以浮到水面来呼吸的时候，常蚊类用呼吸管将身体约呈 45 度倾斜地悬挂着；疟蚊类是要使全部体表面接着水面，它为了达到这种目

的，更在胸节和多数腹节上，长着左右成对的上浮装置。这叫作掌状毛，形状和棕榈叶子相似。当幼虫静止在水面时，你若去仔细看，便能看到两行微小的点。这就是掌状毛上的斑点。整个身子的姿态，也有明显的差异。疟蚊类特别肥胖，而且黑得多，是不会看错的。

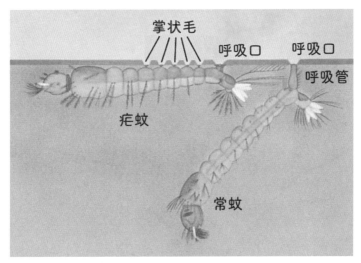

疟蚊和常蚊幼虫的示意图

就是蛹吧，两类也有差别，不过不甚显著罢了。

种类

我国大部分处于温带，常蚊类较多，现在把常见的几种介绍在下面。

淡色库蚊（*Culex pipiens*）也叫尖音库蚊，不但在我国各地常能遇到，而且简直布满了全世界。体长 2 毫米左右，呈黄褐色。翅透明，平衡棒和口吻呈黄色，触角褐色，棱状部灰色，腹部黄色，而各节基部的侧方有灰白斑，足黄色。雌的夜间出来为害人畜，雄的吸食花蜜过活。

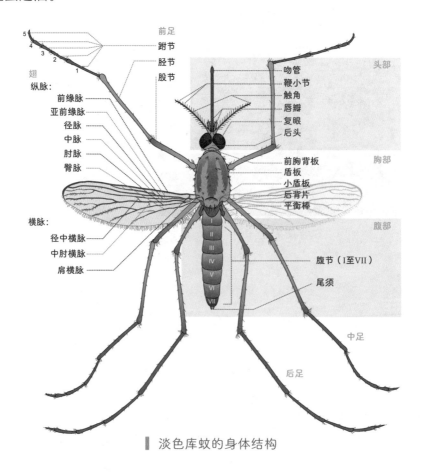

| 淡色库蚊的身体结构

白纹伊蚊（*Aedes albopictus*）体长5毫米左右，呈暗褐色，雌雄口器一样。胸部背面，有一银白色的纵条，十分显明。后胸和胸侧另有几条纯白色条纹。各腹节的两侧纹，以及各节基部呈银白色；腿节的基部现灰白色。昼间也会飞来吸血。

侧白伊蚊（*Aedes albolateralis*）体长5毫米左右。体呈黑褐色，有由银白色鳞片而成的横带。胸部背面带金色，两肩有银白色的纵条，所以得了这样一个名字。腹部黑褐色，稍稍有蓝色光泽。腹面各节的前缘，生着银白色的鳞。足黑褐色，前足、中足的腿节下面，除末端外，现黄白色，后足、腿部也同。

埃及伊蚊（*Aedes aegypti*）的形状和白条伊蚊相似，只中胸背部前方，有四条黄白色的纵纹。分布在广东、福建沿海一带，专门传播登革热病。

疟蚊的种类，我国颇少。最普通的一种，叫作中华按蚊（*Anopheles sinensis*），体长和淡色库蚊相似而略大，暗灰色，翅稍带暗色而透明，前缘有黑褐色或黄白色的两条鳞毛纹。平衡棒灰色。触角暗褐色。胸部背面有五条褐色纵纹。雄的，腹部背面呈暗褐色，触角呈拂帚状；雌的暗黄色，背部纵纹呈黑褐色，足带暗黄色。

白纹伊蚊

中华按蚊

生活史

蚊是从哪里来的？古代人确曾产生过这样的疑问。可是它因倏来倏去，无法查究，所以就产生了神话似的答案，有的说是从鸟的嘴巴里吐出来的。如《尔雅注疏》上说：

鹳，蟁（蟁即蚊）母。注似乌鷃而大，黄白杂文，鸣如鸽声。今江东呼为蚊母，俗说此鸟常吐蚊，因以名。

有的说是从草叶里化出来的，如《本草纲目》上说：

塞北有蚊母草，叶中有血虫，化为蚊。

有的更推想得稀奇，竟说是从果实中飞出来的，如《岭南异物志》上说：

有树如冬青，实生枝间，形如枇杷子，每熟即坼裂，蚊子群飞，唯皮壳而已。土人谓之蚊子树。

这也许是寄生在植物中的瘿蝇，从树瘿中飞出，古人观察不精，就认为是蚊。关于瘿蝇详见"蝇和舞虻"一章。

现在大家都知道是经过完全变态，方才成蚊，所以我们只打算把它的生活史，来略说一说。

蚊停在水面漂浮的东西上，产卵水中。常蚊的卵集成一块，浮在水面。每粒约长 1 毫米，每块约有 150 粒卵。经过两天左右，就孵化而成幼虫。这就叫孑孓（jié jué），英语叫作 wriggler，都是从它特别的运动姿态而来的。

孑孓头胸部都大，腹部细，由九环节而成。身上生着许多毛，头部的毛尤其长。它常舞动这毛，聚集水中的有机物，作为食饵。腹部第八节有呼吸管，常常伸出水面，呼吸空气，这时身子倒悬着，所以又有"跟头虫"这样一个俗名。孑孓蜕了三回皮，就变成蛹。这期间一般为五六日。

蚊类的蛹，和一般的昆虫不同，是不停地运动着的，英语是 tumbler，我国叫作鬼孑孓，或大头孑孓。体带黑色，头部很大，腹部细小，弯曲着真像驼背。胸部有两根喇叭形的呼吸管，常常伸出水面。浮沉水中时，恰像装着特别弹簧似的运动着。经过两天左右，就变成虫而飞起了。

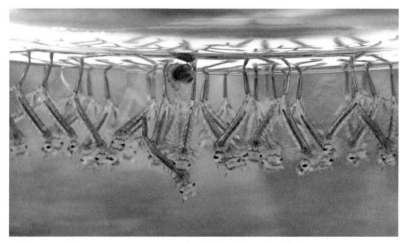

▎ 孑孓的尾端贴着水面，利用呼吸管直接呼吸水面上的空气

从产卵到成虫，要费八九天。成虫的寿命，由环境如何而定，大概在正常的夏季，雌的可以在空中飞翔三十多天，雄的寿命只不过几天罢了。交配后的雌蚊，在和暖而安静的地方，固定着越冬，到来年产卵。但热带地方和暖地，成虫终年飞翔，以幼虫形态越冬。

哼哼调

"一个蚊子哼哼哼"，这是《红楼梦》里呆霸王薛蟠的名句。蚊子的确喜欢唱哼哼调。当你正待蒙胧入梦的时候，它偏要到耳边来哼个不停。所以有人说笑话：蚊子倒有孝心呢！它见人卧着，以为死去，便集在头边，哀哀啼哭。

闲文少表，我们要推究的是：小小的蚊子，怎么也能发出这样大的鸣声，它的发声器究竟在哪里？要解答这个问题，我们必须先把它的呼吸器官来察看一下。

一般昆虫的呼吸器官，是由胸腹部两侧的十对气门和连接着的气管而成。气门位于体表，直接和空气相接，为了防止尘埃侵入，更有特殊的装置，像刚毛、毛以及结缔质的活瓣。蚊的呼吸器官，也是同样构造。我们试拿一只蚊子来看，便见胸部有比腹部特别大的气门，口子上更有结缔质的活瓣随着呼吸，不停地一进一出。蚊子飞翔时，一对长而细的翅快速振动，哼哼调就"唱"起来了。

每当傍晚时节，群蚊乱飞，鸣声更响，简直同远方殷殷作雷一般。

这就是《汉书》上说的"聚蚊成雷"了。

口器

蚊是最普通的昆虫，谁都见到过，所以形态方面，似乎可以不必细讲。万一不明白的话，到教科书上去一查，自然会告诉你：蚊是两翅六足咧，两翅退化变为平衡棒咧，具有刺吸式口器咧，等等。现在我想先把《太平广记》里汉朝滑稽大家东方朔描述蚊的一段谜语，介绍一下。他用滑稽的词句，将蚊的形态习性，活活地表现出来。就抄在下面吧！

郭舍人曰：客从东方来，歌讴且行。不从门入，逾我垣墙。游戏中庭，上入殿堂。击之拍拍，死者攘攘。格斗而死，主人被创。是何物也？朔曰：长喙细身，昼匿夜行。嗜肉恶烟，常所拍扪。臣朔愚憨，名之曰蟁。

还打算把蚊体上构造最复杂的口器，来说明几句，因为借此就说明了昆虫类中一般的刺吸式口器的构造。

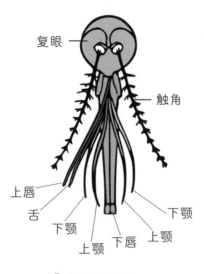

复眼

触角

上唇
舌
下颚
上颚
下唇
上颚
下颚

▎雌蚊的口器

　　蚊的口器，是一根特别长的吻，那是不必再说的。做这吻的外鞘的，是一对中央合拢而成的附肢，称为下唇。它的形状，恰像一节竹筒。筒的外面，满生鳞片，尖端生着一对圆锥形的感觉叶。筒的上面，开着一条狭狭的沟，内部是比较宽广的腔。

　　这腔里藏六根口针，互相倚合而成吸收管。这六根中：幅阔而尖端骤然尖削的一根，是舌；幅狭而尖端有锯齿的两根，是上颚；比它更狭而尖端呈剑状的一对，是下颚；幅阔而尖端呈剑状的一根，叫作上唇。上唇虽也被"竹筒"包住，但从里面看来，恰像"竹筒"的盖子。

　　吻的外面，是附属于下唇的下颚须。通常是雌的下颚须短，雄的比吻更长，但又依种类而不同，有几种雄蚊也短，也有雌雄都和吻同长的。

　　蚊吸血时，先用吻端的感觉叶，在皮肤上这里那里乱碰，探求适于刺的地方。一旦寻到了，便将吻内藏着的刺吸管（由六根口针倚合而成）用尽全力地从两片感觉叶中间送出，在皮肤上钻孔。这些口针的尖端，都是些剑咧、锥咧、锯咧，所以穿孔毫不困难。

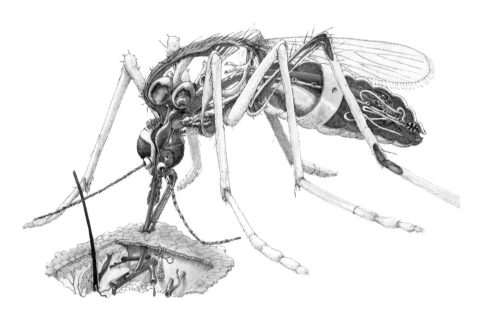

雌蚊吸血的示意图

穿孔后，立刻将刺吸管向内部推进，深深进去，直到碰到毛细管。于是破坏了毛细管壁，而浸入血液。这时，若运气不好，碰不到毛细管，它就把千辛万苦插入的刺吸管拉出，重新再刺过，这是谁都经验过的吧！

当它吸血的时候，下唇并不插入皮肤内，而是向下方弓似的弯曲着，尖端的感觉叶，将刺吸管（六根口针）紧紧束住。

如此提出血液，怎样吸收到蚊的消化管中？这个问题，可用下面三点来回答：第一是血液本身的血压，使它上升；第二是刺吸管内会发生毛细现象；第三是口腔的深处有咽头，上面有肌肉附着，这些肌肉一收缩，咽头就膨大而产生压力。

雌蚊吸血，雄蚊不吸血，上面已经讲过了。我们试再把雄蚊的口器来观察一下：作外鞘的下唇，毫无差别，但内部的口针，和雌的大不相同。长的口针，只有舌和上唇两片。一对上颚的大小很小，只及下唇的五分之一，下颚全然缺失。所以雄蚊的不吸血，"非不为也，是不能也"。

疟蚊和疟疾

由蚊类传播的疾病，有疟疾、登革热、血吸虫病、黄热病等。登革热虽在我国南部沿海一带常有发生，但是多为轻微症状，少有性命之忧。丝虫病是由丝虫寄生在淋巴管系统中而引起的。丝虫产生大量未成熟的幼虫在血液中循环，又由淡色库蚊等传播给别人。黄热病原是一种凶猛的传染病，在十八世纪中，美国有过 35 回可怕的大流行。可是分布区域，只限于南美洲以及非洲的西海岸，和我国没有什么重大关系。所以现在把以上三种病和常蚊的关系，搁过一边，且将疟蚊传播疟疾的路径，来说个明白。

最初证明蚊和疟疾有关系的，是英国军医罗纳德·罗斯。他受万巴德的"蚊是人类和丝虫的中间宿主"假说的影响，开始着手研究鸟类疟疾和致倦库蚊（ *Culex quinquefasciatus* ）的关系。他研究发现：

这种鸟类疟疾病原虫，由吸血而入蚊的胃中时，就在那边生出球状的雌配子体和细长的雄配子体，不久又合并而成纺锤形的动合子，贯穿胃壁，集在外部，成一个大的卵囊。此后，卵囊破裂，释放许多孢子前体，孢子前体再分裂，便成细长形的孢子虫（子孢子）。子孢子穿破被囊，入蚊的体腔，再前进而达到唾液腺，等待蚊再去吸血。1898 年，罗斯才将观察的结果发表。

万巴德（Patrick Manson，1844—1922），被誉为"热带医学之父"

罗纳德·罗斯（Ronald Ross，1857—1932），因疟疾传播方面的研究而荣获诺贝尔生理学或医学奖

2015 年，中国科学家屠呦呦因发现可以有效抵抗疟疾的青蒿素而获得诺贝尔生理学或医学奖

为消灭疟疾而努力的科学家们

此后万巴德爵士继续研究，1900 年，他将在意大利吸了疟疾病人的血的蚊，带到伦敦热带医学校来，让它刺自己的两个儿子，果然使他们害了疟疾病。1902 年，意大利人苦拉希（Grassi）发表"关

于人体疟疾病原虫在斑按蚊（*Anopheles maculipennis*）体内的发育变态"的精细研究，认定人体疟疾的病原虫，只能在疟蚊类中按蚊的体内发育和变态。

疟疾病原虫在疟蚊体内的发育和变态状况，上面已经说过了，那么在人体内呢？在疟蚊唾液腺中等待着的病原虫种虫，因蚊的吸血，而进入人的血液中后，便钻入红细胞。经过一天半而长成，分裂为许多小孢子，这叫无性的分裂生殖。当分裂时，红细胞也一同被破坏，孢子四散，从而引起发热、头痛、脾脏肿大等现象。

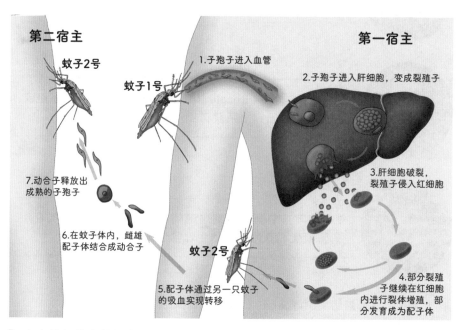

第二宿主

蚊子2号

1.子孢子进入血管

蚊子1号

第一宿主

2.子孢子进入肝细胞，变成裂殖子

3.肝细胞破裂，裂殖子侵入红细胞

7.动合子释放出成熟的子孢子

6.在蚊子体内，雌雄配子体结合成动合子

蚊子2号

5.配子体通过另一只蚊子的吸血实现转移

4.部分裂殖子继续在红细胞内进行裂体增殖，部分发育成为配子体

疟疾传播的完整链条

破坏红细胞而四散的小孢子，却负着两种任务。一部分侵入红

细胞，再同上面所说的，进行分裂生殖。一部分在红细胞中，发育而成的两种配子体（大的雌配子和小的雄配子）都在血液中浮沉，机会一到，便进入疟蚊的消化管内。雄配子活泼地运动，和雌配子相结合，造动合子。再经过上述的变化而产生许多种虫，集在蚊的唾液中等待。这叫作传播生殖。

经过多年的研究，已知疟蚊 480 余种，其中约 430 种按蚊能传播疟疾。

第七章
蝇和舞虻

吸血蝇

蝇类和人类生活有关系的方面很多，大致可分作下面四种：要吸食人类和家畜的血，并且传播寄生在血液中的病原虫；要产卵在动物体中，使孵化出来的幼虫吸食寄主的血液，或侵入其内脏；寄生在植物体中，使植物受到大损害；要侵入家中，传播疾病。本书在说明方面，想偏重第四种，所以先把前三种来简略地说一说。

吸血蝇中分布最普遍的，要算厩螫（jiù shì）蝇（*Stomoxys calcitrans*），也称螫蝇。我们常能在原野、路上或畜舍中看到。它体长8毫米左右，身现灰色，头部黄金色，头顶还有马蹄状的黑纹。胸部背面，有四条黑色纵纹。翅透明，翅脉褐色。腹部呈卵形，有许多粗大的黑斑。足黑色。它不但刺咬人畜，给人增添苦恼，而且传播寄生在血液中的病原虫。

▌ 吸食人血的螫蝇

非洲赤道附近的地方，有一种舌蝇属（*Glossina*）的蝇子，俗名叫作采采蝇。它传播冈比亚锥虫（*Trypanosoma gambiense*）给人、马、牛、鼠等，使它们发热、贫血、衰弱，当病原虫侵入脑脊髓管后，寄主便昏昏睡去，不再醒来，所以也叫作昏睡病。

采采蝇休息时，双翅完全叠放在一起

马蝇生活史

胃蝇（*Gasterophilus*），也叫马蝇，是马牧场上常能看到的一种蝇。体长14毫米左右。体黄褐色，头、触角、足及腹部呈黄色。翅半透明，稍带灰黄色，中央及翅端有暗褐斑。雄蝇腹部的末节，向腹面屈折；雌蝇最后两节，呈屈膝状。

马蝇的生活史，颇复杂而有趣，现在说明如下。

它把卵产在马毛上，但并不是无论哪处的毛都行，一定要挑马舌能够舐达的地方——因为它的孩子，如果不给马吃入胃内，除等死外，是毫无办法的。卵如果坚牢地附着在马毛上，是不会由马舌带进口里而到胃里去的。这些从卵孵化的幼虫（蛆虫），顺着毛爬到皮肤并刺蜇。马感到了痒，必然要来舐这部分，于是，这蛆虫便附着在马舌上，接着入胃，用它的口钩，挂在马的胃壁上，吸收胃液。当解剖马的尸体时，我们常能见到它胃里藏着几十条或几百条蛆。胃壁一被这蛆附着，便呈凹陷状，分泌脓汁。这脓汁是蛆的重要的营养料。当蛆从肛门出来后，凹陷不久后就硬化。

　　经过十个月左右的时间，到了第二年的五、六月里，这蛆已充分长成，离开它寄生的胃，跟了排泄物，一同下肠而去。它若只靠排泄物带着，那么经历长长的大小两肠，要费颇久的时间。所以蛆自身也做一种波状运动，可在比较短的时间内，到达肛门，但也有中途化蛹的。

　　蛆和马粪一同落到地面，立刻掘垂直的孔。孔并不大，恰恰能遮住它自身。孔掘成后，它把自己的身体掉头，头向上方，蛰居在里面，皮肤不久硬化，变成围蛹。过了一段时间，头上有两个角状突起生长出来。它就用这两个突起呼吸。虽因当年气候寒暖而略有迟早，大概经过六星期，这马蝇便在空气中飞舞了。

▌马蝇，马、骡和驴的寄生虫

▌马蝇在马前腿毛上产的卵

　　马蝇，粗粗一看，和虻很相像，但它半透明的翅上，有暗色的斑纹，中央连成带状。普通的虻，虽也是透明，却没有这种斑纹。

马蝇由蛹羽化，总在天气晴朗的早晨。它只破蛹前端的盖，开穿一个圆形的洞，而飞向空中。可是事实上，并没有说说这样简单。羽化时，先起一个大泡，因身子的扭动，不断地上上下下。这样的液泡，凡是寄生在毛虫和青虫身上的针蝇和别种蝇羽化时，也能看到。这液泡一直升到前头和颈处，帮助它破蛹盖。

羽化而出的马蝇，身子干燥后，这液泡立刻消失。它就嗡嗡发声，而飞向空中，追逐配偶了。这种蝇有在附近的高山顶上集合的习性。这边很寒冷，而且马也绝不会来。但真奇怪，它们的集会所，它们的舞蹈场，全在那里。

完成了交配的雌蝇，便从山顶飞来，拣了晴朗天气，在马的周围飞绕。它们很胆怯，但细心地找寻在牧场中、农场上或是道路旁吃草的马，然后停在马身上，产一颗或几颗的卵。一次飞去，又复回来，在天气或时间许可的范围内，趁马、驴、骡等吃草的时候，积极地产卵。可是，从来没跟了马到厩中去的。

一只雌蝇，约藏着七百粒卵。卵长 2 毫米左右，上端呈斜的截断状，起初是白色，后来渐渐带黄色。这卵受到太阳热度和马的体温而孵化。幼虫破卵壳而出，由马舌带到口部，再入胃腑，挂上胃壁，但并不是全部都能被马咽入胃脏的，那些不能到达胃脏的蛆，仍难免一死。

牛蝇和蚕蝇

牛皮蝇（*Hypoderma bovis*）也叫牛蝇，体长 13 毫米左右。体黑色，上面密密地生着许多黄灰色软毛，胸部背面有四条黑色纵纹，装饰着黄绿色或白色的长毛，腹部基部的两侧呈白色或黄色，尾端现赤褐色，翅带灰色，而且格外大些。每当初夏，雌蝇常在牛舍附近飞翔，产卵在牛的肩、颈等处的毛上。从卵孵化的幼虫，就经牛口而到食道，再咬穿食道，通过食道附近的肌肉，直到皮下。所以一、二月后，牛背上就有许多因这种幼虫而起的肿块。幼虫渐渐生长，五月里达到成熟，咬破肿块，走出体外，入地中化蛹。

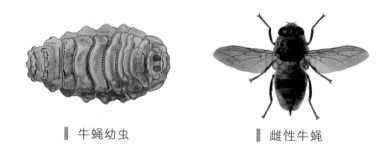

▌牛蝇幼虫　　　　　　　　▌雌性牛蝇

蝇类里面，还有幼虫时期寄生在蝶、蛾、蜂类的幼虫身上，直到充分长成，才离开寄主而蛹化的，这就是寄蝇类。和我们最有经济关系，现在就把它的形态和生活讲一讲。

家蚕追寄蝇（*Exorista sorbillans*）体长 12 毫米左右，体灰黑色，脸呈银白色，但额上有一条黑色的纵纹。触角黑褐色，胸部背面有不大分明的五条黑纹。腹部两侧的大斑纹，是暗黄色，尾端密生刚毛。

这蝇在五月中旬到下旬，产卵在寄主身上或者桑叶上。这桑叶若为三四龄的蚕所吃，卵就到了蚕的消化器。一二龄的蚕口小，恰恰能将卵咬破。幼虫从卵孵化时，便将蚕的体液作为营养物而逐渐长成。寄生的幼虫若多，蚕则衰弱而死。若一两只是没有什么大关系，依旧吐丝、作茧、化蛹。幼虫在蛹的体内，完全长足，就咬破蛹身，再咬穿茧而逃出来，爬到地面，钻进泥里化蛹。到来年春天，再羽化而出。蚕蛹被幼虫咬死，不能化蛾，故不能得蚕种，而且茧也被它咬破，纤维断了，不能制丝。蚕业上因这种蝇而受到损失。

寄生植物的蝇类

菊、胡枝子、蓬等草木的叶子上，常常点点斑斑，生着宝珠状、豆状或是芝麻糖状的瘤；葡萄的果实、柳树的芽有时呈特别的状态；芒的茎，有时一部分特别膨大，长着一个虫瘿——这些就是因一种微小的瘿蝇的幼虫寄生，受刺激而生成的。在内部的蛆，是微微地不绝蠢动的。

这等瘿蝇，产在上述种种部位、茎枝及伤痕、裂隙等处的卵，孵化而成幼虫，侵入寄主体内，吸收营养、化蛹（有几种是潜入土中化蛹的），变成微小的幼虫，向外界飞出。

从虫瘿中钻出头部的金针瘿蝇

　　我们常常在豌豆和油菜等的叶上，看到白色的曲线，这是由潜叶蝇的幼虫造成的。这种幼虫，一面吃叶绿层，一面在薄薄的叶子里开辟隧道，开拓自己的进路，结果，就造成了上面所说的白色曲线。它成长后，就在隧道的末梢化蛹，接着变为成虫。

　　此外还有实蝇，专食害田野中未成熟的果实，多数产在热带和亚热带，温带也有不少……被这些蛆虫吃过的果实，内部腐败，散发恶臭。

　　大小各异的蝇，飞集在树干渗出来的树液边上，一面喧闹，一面饱吃生命之粮，这更是谁都在散步林畔时看到过的。

秽物蝇的种类

凡是喜欢群集在垃圾、粪便等秽物上面，而且在这些里面发育，常常到家里来飞翔的，可以统称为秽物蝇（英语是 filth flies）。现在且把其中主要的几种在形态和生活上的特点，大略说明一下。

家蝇（*Musca domestica*）体长 8 毫米左右，体黑褐色，脸呈黄白色，触角呈黑色。胸部的背面灰黑色，而且有黑色的四纵条，翅透明，稍带暗色，腹部暗色，但雌的更有赤褐色的侧纹，是夏天最多看到的种类，而且遍布全世界。关于它们的生活史，在下节再细讲。

▎家蝇

肉食麻蝇（*Sarcophaga carnaria*）又叫毛苍蝇，体长 15 毫米左右，体呈灰色，但脸面有发金光的灰黄色，触角、头顶的纵条，呈黑褐色；胸部、背部的三条纵纹非常鲜明，腹部有黑色的网状纹，尾节和足，黑色发光。它们常居户外，群集在人粪等秽物上，到家里来，或是集在鱼肉、兽肉上，那是特殊现象。它们还有一特点：卵在母亲体内孵化成幼虫后，方才产出来。这是卵胎生，和我们人类的胎生可不一样。

肉食麻蝇

凯撒绿蝇（*Lucilia caesar*）又叫青蝇，体长9毫米左右，体金绿色，脸黑色，且有银白色的光辉，翅透明，翅脉淡黄色，前缘带黑褐色，足黑色，但带着比身子更鲜明的金光。它们常在野外，少进屋内。虽然有时也光临厕所，但不是从厕所中发育的。

凯撒绿蝇

宽大丽蝇（*Calliphora lata*）体长9毫米左右，体黑色，脸银白色，触角黑色，上面密生黑毛，胸部背面有带灰白粉的四条黑纹，每条黑纹的两侧，都有黑色的长毛或短毛生着，翅透明，第一腹节的基部、背线以及尾端是黑色，第二、第三节各有几点丝光斑，因光线而变换形状。腹部暗青色，好像着水似的。它们有户外性，但也常进屋内。天气寒冷时，生育还不中止，冬季和春初，还在阳光照耀的地方飞翔。

此外像夏厕蝇（小家蝇）、厩腐蝇（大家蝇）等，形态习性和家蝇差不多，不过大小不同罢了，所以也就从略。

这许多种的秽物蝇中，最常到我们屋内来的，自然是家蝇。我们如果在屋内捕捉，它们总占九成左右。现在把美国昆虫学家利兰·奥西安·霍华德（Leland Ossian Howard）在厨房里所采集的成绩，和日本小林晴治郎在家内及传染病研究所内采集的成绩列表如下：

	霍华德	小林 （家内）	小林 （研究所内）
家蝇	22 808	24 042	55 876
夏厕蝇	81	206	2 533
厩腐蝇	31	163	561
肉食麻蝇	—	161	456
凯撒绿蝇	18	38	200
宽大丽蝇	7	15	41
其他	58	94	12

家蝇生活史

家蝇是家内最容易看到的蝇。每年到了五月里，便有几只出现，一到六月，骤然增多，七、八月最多，到九月底就减少，十一月底便停止产卵。

卵白色细长，后端略粗。背部有两条隆起，其中一条当幼虫孵化时，便自然裂开。雌蝇每次产卵75粒到150粒，平均是120粒。每隔三四天产一次卵，一共四次。如果环境好一点的话，产卵的次数更多，卵的生长期很短促，通常为12小时至24小时，但又受温度的支配。例如：气温在10摄氏度时，要经两三天，15摄氏度至20摄氏度时为24小时，25摄氏度至35摄氏度时，是经8小时至12小时而孵化。

幼虫是白色，体表滑泽，头细尾粗的蛆。它们对植物质比动物质更喜欢，尤其是近乎干燥的。不洁的畜舍和垃圾堆，是它们主要的发育地。据美国某学者说："马粪堆，在四天内，任家蝇飞集，结果，平均每磅马粪中，有685条蛆。"充分长成的蛆，钻进软软的泥里，或钻入木头、石块的下面，求得略干燥的地方，在那边化蛹。这时，皮收缩而成坚硬的、红褐色的套。幼虫的时期，是四天到六天。

蛹，体长只有幼虫的一半，但比它们更粗。抵抗力很强，能够越冬。经过三天到十天，便羽化而成蝇。

由蛹羽化而出的家蝇，快的第二天就交尾，第三天就产卵，但也要受温度和湿度的影响。普通情况下生殖系统的成熟，在第二天至第四天；开始产卵，在第三天至第九天。

从产下的卵，到成羽化而出的蝇，经过的时间很短。据美国学者们的报告：最短的是九天半，稍长的是10天至14天或15天至18天，偶然也有到21天的。关于家蝇的寿命，许多研究者有各种记录，在自然界中的寿命，也略有长短，大概30日，最长命竟有到60天的。一年中可传六七代，若环境好一点，也有传到十代以上的。所以，家蝇繁殖的盛况，真是了不得。假定有一对家蝇，在四月里开始产卵，每次产卵120粒至150粒，就少些算它四次，而这些子子孙孙，直到八月底都还生存着，那么就有191 010 000 000 000 000 000只了。假定一只家蝇有1立方厘米大，那么不但会铺满地球全表面，而且有14米厚。

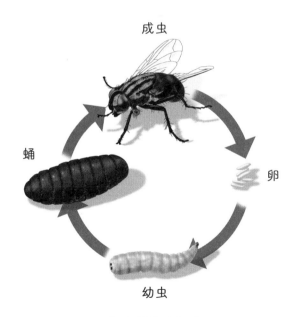

成虫

蛹

卵

幼虫

▎家蝇的生活史

舞虻的结婚

当暮春时节，偶立河边池畔，常见有无数小虻，贴水低飞，这就叫舞虻，也被叫作舞蝇。它们是水上有名的舞手，有一种奇异的结婚习惯，就在这里介绍一下。

喜舞虻（*Hilara maura*）是一种小型的舞虻。雄的一到要结婚时，常捉了小昆虫，用丝包裹，作引诱雌虻之用。可有趣的是，它们有时竟把一片花瓣或一粒种子，错认作小昆虫而带走。原来的目的，像是呈献某种食物给雌虻，来表示雄虻的赤诚；现在已变为一种仪式，自然难怪雄的要把花瓣、种子等，误认作昆虫了。

我们如果把植物性的小片和动物性的什么，向贴水乱舞的它们抛去，不管是什么，它们必定追去捉住，把它用丝三重四重地缠绕，郑重地带走。

这种贴水低飞，实是一种恋爱跳舞，由几千只排成一个大圆阵而款款飞舞。舞时常常分作上下两层：这些童贞的雄虻，近着水面飞，若有什么落向水面来，便赶忙去捉。有时分量太重竟着水了，雄虻自己不着水面，但总跟着这东西打旋，用种种方法，终究将它拿到水上而带走。总之，雄的如得到了某种合意的获物，便离开水面的同伴，而加入上层的舞群。它在那边一面飞舞，一面等待雌虻的飞来。它们所捕获的，不论纸片、垃圾，什么都好。恰和袋蜘蛛把纸片当作自己的卵袋，郑重地抱着同样。

这丝究竟是从哪里出来呢，以前一直不明白。有的以为同蚕吐丝一样，是从虻的口部分泌的，有的以为是从它腹部的某处分泌的。

可是这些推想，都错误了。日本昆虫学家松村松年检查舞虻的前肢，见胫节的末端特别膨大，才知道这膨大部分就是分泌丝的地方。当它们捉到某物时，便从前胫节吐出液状的丝，把它缠绕。丝一碰到空气，立刻硬化，变成强韧的丝袋了。

　　北美洲有一种舞虻，雄虻在空中跳舞时，总抱着一个比自身大一倍的气球。这也和上面所讲这种舞虻一样，是雄虻分泌物所成的丝袋，里面总藏着一只小虫。这也是给雌虻交尾后吃的礼物。某种舞虻的丝袋，和彗星相像，有一个长长的尾巴。

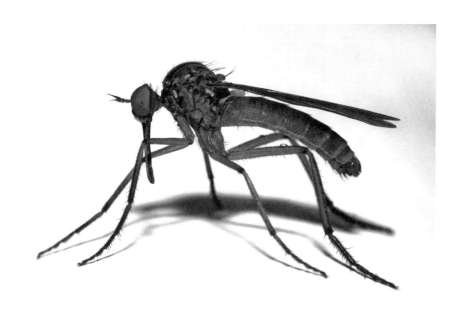

一种舞虻

琐谈两则

蝇的足上并没有什么吸盘，但它们能在天花板上走，有的还要用两只前肢互相搓搓，或用后肢拂拂翅上的灰尘，表示它们虽颠倒着身躯，也满不在乎。

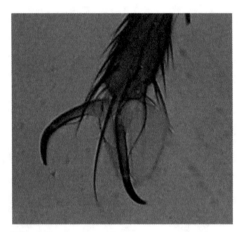
▌家蝇的足部特写

现在要研究的就是：蝇在飞的时候，不是背向天花板吗？那么它们要静止到天花板上去，必须翻一个身，这时的动作是怎样的呢？是一个倒翻跟头上去呢？还是侧身一滚呢？1934年，英国某学者发表了他研究的结果：蝇要停到天花板上去时，先侧着身子横飞。用一侧的三只足先搭上去，接着另一侧的足也跟着搭上去。不过这时的动作，非常迅速，不十二分留意，是看不清楚的。

蝇是谁见了都要讨厌的东西，但我国古代竟有画蝇的画家。据说三国时候，有一个名画家曹不兴。有一天，他替吴国皇帝孙权画屏风。谁知正当他一心一意渲染勾勒的时候，无意中滴了一点墨汁。这倒使他为难了：若重画一张，恐怕未必能画得这么好；若把染了墨渍的画进呈，又是大不敬。最后他想出了一个好方法，将这墨渍加上了两翅六足，画成一只苍蝇，就这样献了上去。

后来，孙权看到这扇屏风时，竟误认作真有一只蝇停在那里，用手一回两回地去赶。

第八章
蜻蜓

种类

蜻蜓没有蝴蝶那般美丽的翅，又不会像萤那样带着灯笼飞，在黑夜中来炫人眼目，更不会效仿蟋蟀和蝉，作低吟高唱，只凭着敏活轻快的飞行姿态，引起人们的注意。你看：当它贴水低飞时，真像掠水的春燕；平张四翅，在空中滑走时，更像打旋的鹰隼。它们一小时可飞 50 千米至 100 千米，速度和我们以前的火车差不多。有时好像它也要夸耀自己的速度似的，特地来和火车比赛一下。人们的双翼飞机，原有许多地方是模仿它造的，所以像掠空追敌，或连翻几个跟头时的姿态，正和蜻蜓追逐蚊虻时一般。

说到蜻蜓目里的种类，据统计，全世界约 6 000 种，我国已知980 余种。越是热的地方，种类越多。

蜻蜓虽有这么多的种类，但大致可以清楚地分作差翅亚目、均翅亚目和间翅亚目。间翅亚目，全世界只有 4 种，其余都可分别归入前面的两个亚目。

现在先说一说差翅亚目，也就是狭义上的"蜻蜓"的明显特征。

它们一般体粗而刚健。左右一对大眼，在头上排得十分密贴。后翅的基部，比前翅要阔些，所以叫作差翅。当静止的时候，它们将四翅向体的两侧平张。蜻蜓是不完全变态的水生昆虫，这类昆虫的若虫一般与成虫形态相差较大，叫作稚虫。蜻蜓的稚虫水虿（chài）全身坚固而胖，或阔而扁平。

白尾灰蜻（*Orthetrum albistylum speciosum*）在九月左右出现，尾部的肛附器是白色的，翅尖稍稍带点褐色。巨圆臀大蜓（*Anotogaster*

sieboldii）在八月里出现，身带青色，是我国大型的种类。侏红小蜻
（*Nannophya pygmaea*）身躯细小，体色美丽，雄的红色，雌的黄色。
雄的体长大约17毫米，雌的更小，只15毫米左右。六月里在池畔沼边，
常常能看到。小斑蜻（*Libellula quadrimaculata*）体褐色，密生黄毛，
腹部第一节是黑色的，第四节以下有黑色的条纹。翅也略带黄色，
各翅的前缘中央，有黑褐色斑点，而且后翅的基部，也有同色的斑纹。
这般美丽的蜻蜓，在初春就出来了。比它更华美的红蜻（*Crocothemis
servilia*），在盛夏才出现。雄的身体红得鲜艳，表现着灼热的颜色。
雌的体黄色，各翅的根部现玳瑁色，身长约40毫米。常在池畔沼边
飞翔，往往停驻水边的草上。我国古书上的赤卒与黄离，大概就是
指红蜻的雄体与雌体。黑丽翅蜻（*Rhyothemis fuliginosa*）的翅色更特
别，前后四翅，除尖端外，全是有光泽的黑蓝色，而且因光线作用，
更显露千变万化的色彩。头也是黑蓝色的。身子呈黑色。当它在高
空或树梢翩跹飞舞，或张了翅在空中浮着时，完全像蛱蝶一般。

均翅类统称螅（cōng），俗称豆娘。全都非常柔美，楚楚可怜，
翅多有艳丽的色彩，身子孱弱而细长，眼生于头的两侧，离得颇远。
翅前后两对，都同形同大，基部尖细，静止时四翅垂直地竖在背上，
翅面相合。稚虫水虿也颇细，尾端有三片翼似的尾鳃。它们常在草
原水边，现出瘦怯可怜的身躯，有时竟因迷途而撞到我们的天井里。

棱脊绿色螅（*Mnais costalis*）的身体和翅，都十分细弱，动作又
颇柔和。它们常常在池边河畔的树丛中栖息。它们不能像蜻蜓那样，
凌空高飞，在河面池上飞时，也多贴水低翔。体虽放金光，但色彩
少变化，可是翅色倒艳丽得多。产卵时或是雌的单独，或和雄的一起，
顺着水草的叶后退，身子没入水中，将卵产在水草的茎叶里。

1. 白尾灰蜻
2. 巨圆臀大蜓
3. 侏红小蜻（雄）
4. 红蜻
5. 侏红小蜻（雌）
6. 小斑蜻
7. 黑丽翅蜻

棱脊绿色蟌的身子，长约 60 毫米。雄者的翅，除基部外，全现赤橙色，体上更有一层淡青色的粉附着，而雌者的翅，只稍稍带一些赤黄的色调。这种蜻蜓，常在河上飞翔。热带地方产的，种类更多：翅透明，或淡黄色，或再加上青蓝色、琉璃色等有光辉的斑点，鲜艳绝伦。

短尾黄蟌（*Ceriagrion melanurum*）全体黄色，只腹端几节是黑色的，长约 35 毫米，是一种美丽的蜻蜓。还有一种白狭扇蟌（*Copera annulata*），长约 40 毫米。雄的青白色，雌的淡褐色，黑色的腹部间以青白的横条，节节分明，与竹竿相似。豆娘中最大的，是蓝绿丝蟌（*Lestes temporalis*），长约 50 毫米，体现绿色，翅透明，常在水边树林间飞翔。它们产卵时，会在树枝上开一个小孔，把卵塞进树皮的下面。树受伤的部分，后来膨胀成瘤。河边的桑树果树，遇到这种意外的敌人，常常受很大的损害。

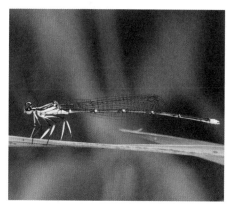

白狭扇蟌

蓝绿丝蟌

剩在最后的间翅亚目，是兼有以上两类形质的中间型的蜻蜓：身子粗，有大而左右接近的眼睛，完全和差翅亚目一般，但两对翅同形同大，基部较细，静止的时候，将翅竖起，在背上合着。这等形态更和均翅类无异。

这样有趣的蜻蜓，是化石时代的遗物。那时曾兴旺地繁殖过，因为已从世界各地，掘出许多化石。可是现已衰减，只有四种生存着：一种产在喜马拉雅山，一种产在日本各地溪间，两种发现于我国。

日本昔蜓

适于飞翔的构造

蜻蜓，有着细长的身躯和两对大翅，所以具有迅速的飞行力，这是谁都知道的。这两对翅都是薄膜，用细的网状脉和中间几根粗的纵脉支持着。前翅和后翅，有同大同形的，也有后翅稍稍大些的；静止的时候，有的水平地张着，也有的垂直地竖着，这些是蜻蜓分类上的重要根据。后翅的内缘，向下方弯曲，这是升降的调节器。当它高高向空中上升时，便把这内缘向前方伸去；降下时，将它向后方缩。

飞得快的昆虫，必定有能够看远处的眼。所以蜻蜓的眼，在昆虫界中要算最发达的了。蝶和蛾的眼，虽也发达，但总不及它。蜻蜓的眼不光大，而且构成复眼的小眼数又非常多，有 10 000 只到 28 000 只！每只小眼，只能映到物体的一部分的像，要由多数小眼的像，才能认识整个物体。而且当物体移动时，动的部分，移映在别的小眼，所以不用转旋眼睛，便知道物体在移动；当急速飞行时，可以明晰地看到外界情形，在它是十分便利的。此外和蜻蜓同样，有一对大复眼的便是虻。家蝇也有 8 000 多只小眼。所以，有人说，家蝇在头上开着 8 000 多个小圆窗。蜻蜓除复眼之外，头顶上还有三只单眼。我们如果用漆将它的复眼涂满，放了，它就一径向天空遥遥上升，不知飞到哪里去了。现在我们已经知道，昆虫的单眼只能感光，不能成像。

蜻蜓的头部正面特写

　　触角变成刺毛状，短细得几乎引不起人们的注意。上颚倒强硬得很，就连甲虫类的坚甲，也能够毫不费力地咬碎。胸部很粗，向前下方倾斜的侧板发达，背腹两面反而十分狭细。足不单生得比较在前方些，而且左右都互相接近。六足简直聚生在口的后面，而且足的胫节上，生着一行细毛。若把六足一围绕，一只笼子便造成了。这种构造，在空中捕捉虫类，是非常适当的。一度被捕的虫，不容易从笼中逃走。而且足长在口旁，对于运食也比较便当。不过它的足不能像别的昆虫那样步行。所以静止时要改变位置，必须再飞起一回。取食物也必在飞行时。

　　蜻蜓性情凶猛，不是活的虫不吃。因为它有这种习惯，专捕食为人类之敌的蚊、蝇、蝶、蛾等，所以实在是值得保护的益虫。

打箍和咬尾巴

我们常常看到，两只蜻蜓，头尾相接，打成了箍在空中飞行。有时独只蜻蜓，自己把尾巴咬住了飞。这究竟是什么意思？难道在打架吗？但是咬尾巴又怎样解释呢？要明白蜻蜓打箍和咬尾巴的原因，先须将蜻蜓的腹部构造，来细细观察一下。

▌蜻蜓独特的交配方式

蜻蜓腹部的末端，有一对钩形的把握器，雄的特别发达。雄蜻蜓常将这钩形的把握器，去钳住雌蜻蜓的后头或胸部而飞行。而且它们腹部还有在别的昆虫身上绝找不到的奇妙的特别构造，这叫作次生殖器，是长在雄的第二、第三腹节下面的复杂器官，作贮藏精液用。雄蜻蜓常常弯着肚子，把从尾端排泄出的精液，预先贮藏在这里——这就是我们看到的蜻蜓咬尾巴。

雌蜻蜓的生殖器在尾端，形状是突起的。雌的头被雄的尾端钳住时，它也就立刻将腹部向前弯曲，把尾端抵到雄的次生殖器，插将进去，吸收精液。这时两只蜻蜓呈首尾相连的模样，就是我们所说的蜻蜓打箍。普通所用的"交尾"这个词，在别的昆虫，虽很适当，在蜻蜓，倒觉得有点儿不大吻合了！

点水蜻蜓款款飞

雌雄蜻蜓结伴飞行，有时是在搜寻产卵的地方，有时是正在产卵。它们发现了适当的池沼，便凭着本能飞去产卵，甚至反光的金属也能激发这种本能。有时我们看到红蜻蜓一面贴水低飞，一面将尾端蘸水，正如唐朝大诗人杜甫所歌咏的"点水蜻蜓款款飞"的情形，就是一种产卵的方式。还有一些种类的蜻蜓，产卵需要雌雄联结共同完成。这是为什么呢？因为雌的身子轻，到水中就浮起，不能深深地潜到水中去，若有雄的帮助，那么可以深深地潜入水中，一直浸到雄的腹基部。它们的卵，深深地附在水草的茎上，因为这样可避免别种动物的捕食。蜻蜓的卵，孵化而成稚虫水虿。它们活泼地在水中运动。水虿有别的幼虫身上完全看不到的两个特点，其一是头部有一个面罩。这是下唇的变形，形状活像戴着面罩，所以它的英文名就叫 mask。

蜻蜓蜕（水虿形态）的背面和头部正面

这面罩的基部，变成了腕，附在口上，末端还有一双钩子。水虿也是肉食性，捕食昆虫或小鱼。它要捉虫时，或是静静地等待，或是悄悄地找寻，遇到后，便突然将腕一伸，把面罩向前推出，用钩将虫夹住，再拉回来吃。

水虿的另一个特点，就是用直肠呼吸。直肠里面，有因毛细管而造成的乳状突起，再分出气管到身体各部，这叫气管鳃。在由肛门吸入的水中，交换氧气和二氧化碳。

水虿经过了几回蜕皮，就有翅的痕迹，这叫亚成虫。它老熟后就爬上水草或石块，再蜕一回皮而变成虫。稚虫期大概是一年。就用稚虫的形态过冬，到明年春天再变成虫。

太古时代的大蜻蜓

世界上现存的昆虫，虽在一百万种左右，但古代昆虫的化石，却很少看到。据说已经发现的，只三千多种，约合现存种类的几百分之一。

为什么化石昆虫这样少呢？据学者们的研究，可能有两种原因：一是昆虫在海水中生活的极少；二是在含有水分的地方，形成昆虫骨骼的甲壳质便要溶解，所以不适于形成化石。

现在各国所发现的最古的化石昆虫，多是属于古生代石炭纪的。这时，脊椎动物中最早出现的鱼类，已经产生了。在石炭纪时代，地球的表面，植物繁茂，昆虫已有许多出现，而且种类也颇丰富。因为这时的化石昆虫，从系统学上来看，已相当进化，而不是原始的了。

巨脉蜻蜓化石复制品，翼展 68 厘米

在这仅少的化石昆虫中，竟有一种古代的巨脉蜻蜓。我们试仔细观察一下，便看到前胸有一对鳞片状的附属物，和现在鳞翅类的肩板相似，身子和直翅类相似，翅上有细细的翅脉，密密地分布着，更和脉翅类相仿，此外都和现在的蜻蜓一般。可见现在的蜻蜓大体上是比较原始的形态。

这种古代蜻蜓，真大得很，四翅张开，足有 80 厘米。当它在茂密的古代森林上空翱翔时，真同掠空低飞的双翼机一般。

薄翅描花

蜻蜓是孩子们最爱玩的昆虫——因为它既不会像蜂那样蜇人，又不会像天牛那样咬你的指头，更没有蝗虫般多刺的足和螳螂般见人便砍的镰刀。当夏天傍晚，孩子们便在竹竿梢头，装上一个篾（miè）圈，更缠上好多层的蛛网，东追西赶地去捉在水畔叶上休息的蜻蜓。捉得后，便用一根细线轻松地缚住胸部，放它在空中飞翔，但一端仍拿在手里，恰像玩气球一般。

古代的女子，却玩得更有趣，更艺术化。据《清异录》的记载：后唐时代的某宫女，有一天捉得了蜻蜓，爱它翅薄如纱，就用描金笔，在上面画了一朵小小的折枝花，用金线编织成的笼子养着。后来，这事传到外边，卖花的人都照样在薄翅上画了花，装在金线笼里，售给游女。富贵人家的檐前窗口，都得几只穿绣花衣服的蜻蜓来点缀点缀，一时竟成风气。

第九章
蟋蟀

异种类和异名

一到晚夏初秋，篱边墙下，便可听到低吟浅唱的蟋蟀声，可是又因种类不同，腔调也就各异。现在把最普通的几种，介绍一下。

长颚斗蟋（*Velarifictorus aspersus*）是我们通常捉来养着玩的一种。有些地方，因为它掘穴而居，又叫穴居蟋蟀。从八月中旬起，直到十一月中旬，连续不断地"嚁——嚁——嚁"高叫着。

北京油葫芦（*Teleogryllus mitratus*）体长 25 毫米，是蟋蟀中比较大的一种。头圆形，前翅发油光，现暗褐色，后翅折叠在前翅的底下，但还有长长的一截，露出在外面，恰像添了一条尾毛，所以《事物绀珠》上说："油葫芦如促织而三尾。"成虫从九月中旬起，便很多地出现了。它们常住在堤畔或农场的垃圾中，食害黄瓜、甘蓝、粟等蔬菜粮食，或住在人家附近的草丛中。鸣声是"各罗各罗……"或"壳罗壳罗期……"。在我的故乡浙江萧山，它被叫作牛粪蟋蟀，因为翅色很像牛粪。

哈尼棺头蟋（*Loxoblemmus haanii*）体长约 2 厘米，翅现黑褐色，上面还有黄纹。雄的颜面，恰像削过般呈一平面，头部有三个大的突角，因为其颜面同棺材头相似而得名。因此又产生一种迷信：若捉了拿到家里去，要发生不祥的事。通常在垃圾堆中，"利、利、利、利……"这般短促地鸣叫。

雌性油葫芦,除了"三尾",还要多一根产卵管

棺头蟋属的蟋蟀,颜面呈斜截状

蛮棺头蟋(*Loxoblemmus arietulus*)也是棺头蟋属,形态和哈尼棺头蟋相似,不过雄者头部的突角,不大显著。从十月中旬起出现,在堤畔或其他光线较少的地方,"利利利利、利利利利……"这般断续低鸣。有时会光临屋内——尤其是灶旁。

宽翅树蟋(*Oecanthus pellucens*)的身子细小怯弱,体色稻草色——有的几乎雪白。它住在各种灌木和长草上,喜空中生活,很少降到地面来。它的歌声"古利矣矣、古利矣矣",缓慢而柔和,更略略带一些颤音。听到这种歌声,便可推知其振动膜很薄而阔。从七月直到十月,每天从太阳下山时起,它都要连续不绝地叫到半夜。

宽翅树蟋

蟋蟀不单有许多异种，就是普通蟋蟀，也因方言关系有许多异名。像蛩（qióng），是它早早有了的异名，又因为它要低吟浅唱，就叫作吟蛩。它在秋天叫得最起劲，仿佛在催促人们，赶快织布，准备寒衣，因此又叫作促织和趋织。俗谚说："促织鸣，懒妇惊。"于是山东济南就叫它懒妇（见《古今注》）。汉朝龙骧子，自己的名字叫作邛，和蛩同音，就把蛩改叫作秋风（见《清异录》），这是因个人的方便，而替它加上的异名。此外还有王孙（见《毛诗草木鸟兽虫鱼疏》）、投机（见《埤雅》）、莎亭部落（见《清异录》）等特别的名字。

形态

蟋蟀的口器，是由广阔得几乎盖住了全部口的上唇，从中央开裂、分成左右两瓣的下唇，尖端锐利而坚牢的一对上颚，和躲在上颚下面、同针一般细小的下颚，以及舌这五部分组成，所以属于咀嚼式，有颇强的咬嚼力，适于草食。还有一对下唇须和下颚须，负责触觉和味觉。

蟋蟀的胸部，也和别的昆虫一样，是由三节而成。前胸生一对前足，中胸和后胸各生一对足和一对翅。而且前胸特别大些，恰像我们卷了围巾一般。那么蟋蟀的前胸为什么要长成这等模样呢？大概当它一跳落下来时，即使头部碰着了什么，也可因这围巾状的结构，得以缓和打击，免得颈部受伤。

我们再来看它的翅。上面已经说过，它有前翅和后翅各一对。后翅用于飞行，个别种类的已退化，只留着一些痕迹，藏在前翅的底下。前翅发油光呈暗褐色，狭长形，质地稍硬。后翅虽雌雄同一形状，前翅却不同，雌的只有细的网状翅，雄的还有美丽的波状脉——这就是它能够歌唱的缘故。

我们捉蟋蟀时，如果光抓住了它的一只足，它便留下这足而逃走了。这是一种自卫的手段：身体的一部分，已经陷在敌人手里，除舍去外，没有自救的方法时，便只好将这一部分身体

▌日本钟蟋的对比，左雄右雌

155

"自切"而逃命了。"自切"并不是利用敌人拉扯的力而脱下，而是它自身有一种特别装置，可以随意地将这部分脱下。除蟋蟀外，像蟹、蝗虫等的足和壁虎的尾，都能够随意脱下，在危险中逃命。不过蟋蟀失去的足，不会再生。成虫因不再蜕皮，故无法再生失去的足。低龄若虫失去足，则有机会在蜕皮后长出小一点的再生足。

翅和歌声

蟋蟀能鼓翅发声，这是谁都知道的。那么这样小小的两片前翅，为什么能发出这般清朗的声调呢？所以我们应该把它的前翅的构造，再来考察一下。

蟋蟀的两片前翅，是右翅盖在左翅的上面，几乎全部盖着。只两侧呈直角屈折的部分，密贴在腹部侧面。这两片翅，是同样的构造，所以只需观察一片就行了。那么就看右翅吧：它在背上的部分，几乎水平，上面有漆黑而粗的翅脉，侧面呈直角的屈折的襞，包住了腹部上面斜斜地平行的细脉。全体翅脉，构成了一个复杂、奇妙的图案，有几处好像阿拉伯文字。

如果拿来透光一看，便见到有极薄而带赭色、相邻的两处，是特别透明些的。前方的比较大些，呈三角形；后方的比较小些，呈卵形，各有一条粗的翅脉镶边，有几条细的皱纹。前方的，此外还有四五根辅助用的翅脉，后方的只有一根，曲成弓形。这两处便和螽斯类的鸣镜相当,是发音面。而且,这膜比别的部分薄些,呈半透明。

前端的四分之一,是平滑略带赭色,用两根平行的弯曲翅脉和后方分界。这两条翅脉中间,留着一个凹处,中间有五六个黑色小襞,恰像石阶一般。这等折襞构成摩擦翅脉,增加音锉的接触点,使振动更加强大。

在右翅有石阶般小襞的凹处那面(翅的下面),有一根翅脉,上面有锯齿状的突起,这就叫作音锉。你如果去数一数,便知道约有 150 个音齿,虽叫它齿,其实是很好的三角柱。

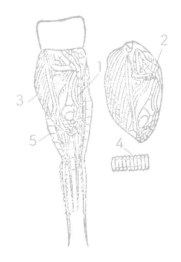

蟋蟀的发声器
1. 摩擦翅脉;2. 音锉;3. 摩擦面;4. 音锉的放大;5. 腹部

左方的翅,完全和右方的一模一样。当它发声时,先把前翅举起,大约呈 45 度的角度,而且左右两翅再稍稍分开,用在上方的右翅上的音锉,摩擦下方左翅的发音面上的翅脉(也叫刮器)。这时左翅的发音面不用说，右翅的发音面，也因音锉的摩擦余动，而起振动了。四处发音同时振动，所以发出很强的音调，连几百米外都能听到。

既然左翅和右翅一样，那么用左翅的音锉去擦右翅的发音面，总也可以吧！或者轮流用用，也可减少肩头的疲劳。其实因为是右翅合在左翅上面，发音的时候，不能上下交换一下，所以左翅的音锉，简直是无用的装饰品。

蟋蟀虽常和蝉比赛，但它不像蝉那样只发单调的噪声。它能将前翅举起或放下，变更音的强度，就是因翅缘和软软的腹部的接触面的广狭，变成低声微吟或高声放歌。

它的歌声，又和空气的温度有关，当残暑未消时，它也拼命高唱；金风乍起，玉露送凉，它也就凄凄切切地低吟了。在交尾的时候，通常也不发高声，只"唧唧喔——唧唧喔——"地低声唱它的欢乐歌。这种声调，在我的故乡，叫作蟋蟀弹琴。

正在振翅的黄脸油葫芦

巢穴

这是昆虫历史上传下来的一段逸话：

曾有一只贫苦的蟋蟀，在自己门口曝日。

一只美丽的蝴蝶，不知从哪里飞来。

这蝶有两根长长的须，真漂亮，真好看，淡蓝色的月斑，连成一串，黑线上，还有点点金光。

"飞呀！飞呀！"隐士对蝴蝶说，"花枝上，朝朝暮暮；你的蔷薇，你的雏菊，不及我卑陋的小舍。"

他的话真不错。暴风骤雨来了，蝶便落在泥潭里。

它破碎的遗骸上，天鹅绒都染了污渍。

可是，不怕风雨的蟋蟀，不管雨打、风吹、雷鸣，躲在小房子里，毫不在意地喓喓低唱。

呃，谁都在东奔西走，找寻快乐和鲜花。

卑陋的家庭和家庭中的和爱，倒是使我们免除忧患。

上面是法布尔在《昆虫记》中歌咏蟋蟀的诗。他不称赞它的歌声婉转，而只推崇它的造巢能力。的确，蟋蟀是造巢的天才。别的昆虫，多在开裂的树皮、枯叶、石砾的下面，暂时寄身，独有这种蟋蟀，轻蔑现成住宅，要拣向阳而合乎卫生的草原，用自己的力，从穴口直开掘到深处。

蟋蟀的洞穴

穴的内部，非常朴素，可是并不粗陋。它费了长长的时间，把不愉快的凹凸，全部消除了。从穴口起，先是一条指头般粗、六七寸长的走廊。走廊的尽头，便是一间卧室，比别处打磨得更光滑、更宽大，这是它休息的地方。穴内非常清洁，毫无湿气，很合卫生。虽然不见得怎样复杂和宽敞，但对于没有什么掘穴工具的蟋蟀来说，真同开一条大隧道一样啊。

除交尾的时候外，穴里总是住一只蟋蟀。若有不愿自己开掘的懒惰者来夺穴时，便起一场大争斗。当然，这穴是属于优胜者的了。

产卵和孵化

要看蟋蟀产卵，不必怎样大规模地准备，只需有点耐心就行了。六、七月里，捉一只雌蟋蟀，放在底上铺着一层泥土的花盆里，再用玻璃或铜丝网罩着，防它逃走；常常放些鲜菜叶，不要使它挨饿。

这样布置停当后，如果你还肯热心地一次次访问，那一定能够给你一个满足的报酬。

雌蟋蟀产卵时，将产卵管垂直地插入泥土中，静静地伏着，过了好多时，拔出产卵管，休息一会儿，再到别处去。在它势力范围内的全面积上，一次一次地反复着，大约经过 24 小时，产卵工作方才完毕。

我们如果拨开花盆中的泥土，便能看到呈两端圆的圆筒形、长约 2 毫米、稻草般黄色的卵，各个孤立，垂直地并列在土中。凡是两厘米深的地方，便能寻得。一只雌蟋蟀，要产五六百枚卵。卵数这般多，大概在短时间内，还要经过残酷的淘汰。

卵在产后的第十五六天，两点圆圆的带赭色的黑眼，在前端隐隐地看得出了。这时，这两个黑点的稍上方，就是圆筒的顶点，有一个小小的圆圈痕显现，这就是破裂线。不久，卵透明了，连若虫的环节都看得出。后来，卵顶被这蛰居者的额一顶，就沿着破裂线分离，抬起，挂在一边，恰像小坛的盖子。小蟋蟀，就从这魔术箱里出来了。

若虫出来后，壳依旧膨胀地留着，光滑、洁白、没有伤痕，球帽似的盖子，倒挂在口上。鸟卵壳往往被雏鸟啄得七洞八穿。但蟋蟀的卵壳，倒有更好的装置，只需用额一顶，便因铰链作用完全像象牙筒似的开了。

抬起象牙筒似的盖而出来的小蟋蟀，身上还有褓褓似的一层薄膜紧紧地包裹着。蟋蟀有着长长的须和长长的腿，就这样从卵中出来，一定磕磕碰碰，有许多不便，所以要这样一件产衣。当它一出卵口，便把这层薄薄的褓褓脱去了。

脱去薄纱般的褓褓，洁白色的小蟋蟀，立刻和头上的泥土开战。

它用颚咬咧、扫咧，细碎的尘埃就用足蹴向后方。终究到达地面，浴着和暖阳光，同时，和蚤一般大，非常孱弱的它，已投在生存竞争的危险旋涡中了。经过 24 小时，体色变成黑色，和成虫相仿。当初洁白的身躯只剩一条狭狭的白带（此为蟋蟀科油葫芦属若虫的特征），绕在它的胸际，恰像刚学步的孩子，胸口缚着一根牵带。

它舞着长长的触角，慢慢地走，高高地跳，只需提防要残杀它的敌人——蚁。

到十月底，天气逐渐冷起来，就着手掘穴了。起初掘得很起劲，在容易掘的土地上，只需两小时光景，就全身没入地下。此后得到闲暇，便每天掘一点，所以随着天气的加冷，身子的长大，它的穴也渐渐地越掘越深。渐渐大了。这样在地下过冬，到来年春天，又跳到地面上来。

交尾和争斗

蟋蟀是雌雄别居，大家都不大愿意出门。那么终究是哪个出门呢？是叫的雄虫，走到被叫的雌虫那边去呢？还是被叫的雌虫，走到雄虫那里去呢？若说在交尾时期，鸣声是远远地隔离开的两家间的向导，那么应该是哑的雌虫，走到饶舌的雄虫那儿去。可是，你如果细细观察，会发现雄蟋蟀在触角可及的范围内，有一种特别方法能够追寻无声的雌虫。

如果有两只"求婚者"，便要起激烈的斗争。双方相对立起，上颚对咬，比拼力度和硬度。过程中，双方扭结着在地上打滚，再立起，各自分开，败的便赶忙逃走，胜的高唱凯歌。

此后，胜利者便在雌虫的周围骨碌骨碌兜圈子。它用足尖将一根长须拉到颚下来，细细地玩弄，涂上一层唾液，又将穿着铁跟靴、缠着红带的长后肢，焦灼地踏地，或向空中弹踢。前翅虽迅速地颤动，但并不发声，即使发一些微音，也是不整齐的擦音。

求婚失败了。雌虫已逃跑且躲入草丛中，但雄虫还在牵帷眺望。这恰和古代希腊牧歌中的名句所咏一般：

逃向柳荫深处。
好从隐处观瞧！
恋爱的历程，是到处都同的。

歌声又起，低低的，夹着颤音。雌蟋蟀终究因这般的热情而动心，从隐处出来。雄虫走到雌虫的面前，忽又掉转身来，尾巴向雌，伏着倒退，一步一步地逼近来，再三地尝试滑进雌的腹下。这奇妙的后退的运动，终究达到目的。一粒精囊，比针头还细小的微粒，摇摇地落下了。

十米左右的长距离旅行，在蟋蟀真是一件大事业。事情完毕后，平常幽居鲜出、地理不熟的它，已无法回家了。它已没有重新掘穴的时间和勇气，只在草畔彷徨。往往做了巡夜的蛤蟆的点心，得到悲惨的结局。它虽因求爱而失家杀身，但已完成了传种的神圣义务。

促织经

　　唐朝人多喜欢捉得蟋蟀，养在小笼子里，放在枕畔，夜里听它的歌声。到了宋朝，江浙一带，已有用斗蟋蟀来赌钱的了。斗时，必先依着虫的大小轻重配搭。赌钱的人，也各认定一方，任意下注，然后在特别的盆中，用草牵引，挑起争斗。由两虫的胜负，来决定钱的输赢，凡是常常得胜的蟋蟀，便有什么将军的封号，死后还要用金棺盛了埋葬呢！

　　南宋时期的宰相贾似道，便是和蟋蟀最有缘的。那时建都临安（现在的杭州），他便在西子湖边，造了一间别墅，叫作半闲堂，在里面大斗蟋蟀。他不但在《促织论》中大大地赞美，说什么：

　　暖则在郊，寒则附人，若有识其时者；拂其首则尾应之，拂其尾则首应之，似有解人意者；甚至合类颉颃，以决胜负，而英猛之态，甚可观也。

　　他还写了一本《促织经》，把选择法、饲养法、疗治法说得清清楚楚，现在就摘录一些吧：

　　出于草土者，其身则软；生于砖石者，其体则刚。生于浅草、瘠土、砖石、深坑、向阳之地者，其性必劣。赤黄，其色也。大抵物之可取者，白不如黑，黑不如赤，赤不如黄……赤黄色者，更生头项肥、脚腿长、身背阔者为首也。黑白色者，生之头尖、项紧、脚瘦、腿薄者，何足论哉！

促织有红白麻头、青项、金翅、金银丝额，上等也；黄麻头次之；紫金黑色又其次之。

惟有四病，若犯其一，切不可托之，何也？仰头，一也；卷须，二也；练牙，三也；踢腿，四也。若两尾高低，曾经有失；两尾垂菱，并是老朽者也，其亡也可立而待。

其名有：白牙青、拖肚黄、红头紫、狗蝇黄、锦蓑衣、肉锄头、金束带、齐臀翅、梅花翅、琵琶翅、青金翅、紫金翅、乌头金翅、油纸灯、三段锦、红铃月头额、香师肩铃之类。

养法：鳜鱼、茭肉、芦根虫、断节虫、扁担虫，酥栗子、黄米饭。

医法：嚼牙狭食，暂喂带血蚊虫；内热慵鸣，聊食豆芽尖叶；落胎粪结，必食虾婆，失脚头昏，川芎茶浴；如若咬伤，速用童便、蚯蚓粪调和，点其疮口。

这位宰相养蟋蟀的经验，确是丰富，你看他能说出这许多诀窍。可是仅保的半壁山河，又在嚾嚾声中，动摇了，亡失了。

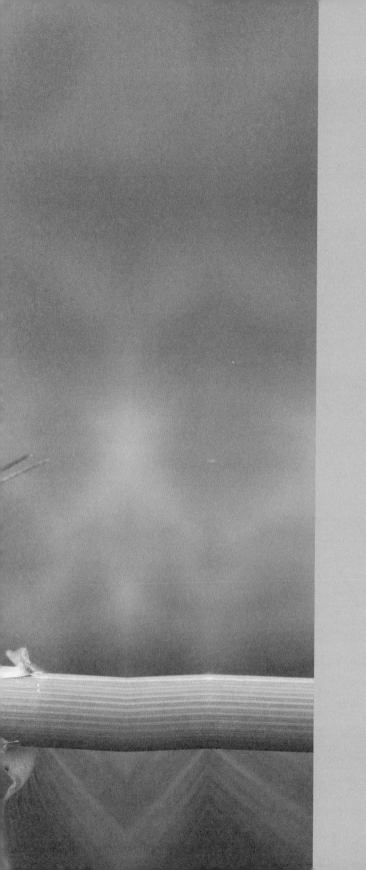

第十章
蝗虫

种类

蝗虫是螳螂和蟑螂的远亲，但和螽斯、蟋蟀倒是弟兄辈分。你看，它除触角呈鞭状而短，雌的产卵管不长，变成短短的钩状，雄的生殖下板强大，呈舟形，藏着交尾具，听器位于腹部等几个特点外，几乎完全相同。

蝗虫种类多得很，有几种只栖息于南美或西欧，现在将我国常见的几种，介绍一下。

亚洲飞蝗（*Locusta migratoria migratoria*）体长40毫米到60毫米，全身现黄褐色或绿色，而且略略带一点天鹅绒般的闪光。大颚呈蓝色。前胸背部的中央，有一条纵向的隆起。前翅很长，盖住了腹部，腹部上面还有黑褐色的斑点。后腿节呈鲜红色或淡红色。若虫起初是白色的，不久，就变暗灰色。常常结成大群，到处飞行。

▎亚洲飞蝗

褐色雏蝗（*Chorthippus brunneus*）体长30毫米到60毫米，普通多现褐色，偶然也有别种色彩的。脸带赤褐色。前胸比头部更细，背面突起的纵纹，是黑色的。前翅比腹部长，有黑褐色的斑点，近着中央，还有几点灰白斑。后翅透明，末端稍稍暗些。后肢的腿节，是淡红底色上洒了黑斑，胫节端呈赤褐色，跗节是黄白色。这是草丛中常常遇到的一种，后足与前翅摩擦会发出"其、其、其"的声音。

▎褐色雏蝗

云斑车蝗（*Gastrimargus marmoratus*），雄的长40毫米左右，雌的是50毫米左右。体现绿色或褐色，触角黄色，前胸的纵走隆起和两侧的纵条呈黑色。前翅绿色，两侧呈黑褐色，还有两三条纵走白纹，外缘有黑褐纹散布着。后翅的基部现绿黄色，外面有一黑带绕着，张开时恰像车轮，也因此有一个俗名叫"车轮蝗虫"。后肢的腿节上有小黑点散布着，胫节是红色的。

▎云斑车蝗

中华剑角蝗（*Acrida cinerea*）雄虫体长40毫米左右，雌虫85毫米左右。全身现绿色或褐色，有的有斑条，有的没有斑条。头呈圆锥形，突出，有一对扁平呈剑状的触角。雌虫的头部两侧，有桃色的纵纹；前翅的中央，又有一条纵走的白纹。飞翔时，发出"克几克几"的摩擦音。如果你抓住它两只后肢的胫部，它全身便一俯一仰，动个不休，恰像捣米一般，所以又叫作"捣米虫"。

▌ 中华剑角蝗

长翅稻蝗（*Oxya velox*）是有名的稻的大害虫，分布于东亚各地。体长30毫米至50毫米。现黄绿色，前胸的两侧有褐色纵纹。前翅比腹部长许多，前缘还有深深的缺刻。

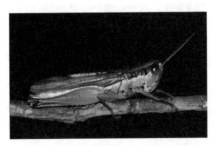

▌ 中华稻蝗也是国内各稻区常见的一种

鸣声

当蝗虫吃得饱饱，在日光中悠然休憩的时候，为了表示满心喜悦，它便用粗胖的后腿，或右，或左，或两方一起，擦自己的腹侧，发出针头划纸似的低低的摩擦音，每反复三四回，休息一下。其实这不过像我们感到满足时的擦手，不能算什么鸣声。而剑角蝗飞行的时候，前后两翅相击，发出"克几克几"的声音，也不大像音乐。

唯有雏蝗等，能用有特殊构造的后腿，摩擦前翅，发出"嚓——嚓——"的声音。虽不像蟋蟀、蝈蝈的歌儿那样好听，但在寂寂旷野中，听到这样单调而哀愁的鸣声，谁都会涌起诗情吧！

这种蝗虫的后腿，上下面都有龙骨形的隆起，而且各面还有两根粗的纵脉。这根粗脉中间，有锯齿状的突起。不过被腿节摩擦的前翅的下缘，只有几根粗脉，此外并无什么变化，而且这几根粗脉，既不是同锉一样粗糙，又没有齿形。这样简单的乐器，要发出人们听得见的音乐，它必须起劲地将后腿举起放下，动个不休。

当天空中断云飘浮，太阳时现时隐的时候，你若去观察它们的歌唱状况，便能得到下面的结果：当阳光照着时，两腿迅速地擦动，歌声虽短促，但只要太阳不躲进云里，就反复下去；云影移来，歌声立即停止，等待阳光照临时再唱。

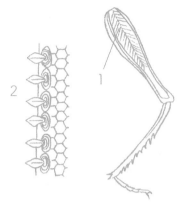

蝗虫的发声器
1. 后肢的锯齿面；2. 锯齿面的放大

发音的动物，大概都有耳朵的。蝗虫类的耳，在腹部第一节的两侧，是半月形的鼓膜，下面装有导音器、听细胞、听神经。第二龄的若虫，能够从外面看到，不过也有终生不露什么痕迹的。

产卵

蝗虫交尾，是雄虫走近雌虫。这时，有鸣器的种类，便起劲发音。到后来，雄虫终究攀登雌的背面，伸长蛇腹式的肚子，左弯右曲地把尾端和雌的相接。这种交尾形式，和螳螂相同，和蟋蟀各异，这里不详述了。

母虫产卵，总在四月下旬。它选择了向阳的地方，不断地努力，将末端圆钝、有着坚硬的产卵瓣的腹部，垂直地插入泥中（也有产卵在朽木中的），直到全部埋没。

雌蝗产卵

　　母虫到身子一半埋入泥中时，辛苦的工作也告成了一半。它又把身子仰一仰，这是将卵挤出的动作，所以每隔一定时间反复一回。大约经过四十分钟，母虫赶忙将腹部从泥中拉出，向远方跳去，既不看一看产下的卵，也不扫拢泥沙来遮盖孔口。

　　蝗虫没有蟋蟀般长的产卵管，但卵若不放在相当深的泥中，湿度不够，所以只好尽可能地伸长腹部。若把产卵的雌蝗，从穴中拉出来，诸位看了必定要吃惊，因为环节间膜，已出乎意料地伸长，而成透明的腹部了。

　　蝗虫类的一个卵块，含有30枚到60枚卵，还有黏液做成的外包。

从蛹到蝗

蝗虫的若虫，有一个特别的名字，叫作蛹。形态上和蝗的不同之处，就在两对翅。蛹的前翅是小小的三角形，上端附在背上，和前胸背板的隆起相连接，两尖端左右分开，恰像一袭因为可惜布匹而做成的齐胸短衣。里面还有两根细的皮肤，这是翅的萌芽，比前翅更小。

蛹完成了最后一次的蜕皮，就成蝗虫，中间不必经过蛹的时期，所以叫作不完全变态。研究昆虫的书本上，虽这样清清楚楚地写着，但读者总觉怀疑：形态这样复杂的蛹，难道也能像蛇那样蜕皮吗？生着两行细刺的足，怎能蜕得出呢？还是同死去的表皮那样，零零碎碎地脱落？

假使你有耐心，便能看到从蛹变蝗的经过：

当它用爪仰向挂在某物上，前肢缩在胸口，三角形的小翅，尖端向左右张开，中央露出两片狭狭的薄板，这就是全身保持安定的蜕皮姿势。

最先，它不得不把旧衣撕破。前胸背板的背面，隆起纵纹的下面，开始一胀一缩地鼓动，项颈的前方，也有同样的运动。大概要破裂的甲壳下面，全都有这等运动，不过只在装着薄膜的接合处，能让我们看到。

蛹所蓄积着的血液，齐向这中央部涌来。外皮尽可能地伸张、伸张，终究沿着预先准备着的，抵抗力最少的一线，破裂了。裂口和前胸背板一样长，恰恰开在隆起部的上面。它的外皮，除这抵抗力最少的一线外，不论哪部分，绝不会破裂。裂口渐渐伸长，后方直到翅根，前方达到头部，达到触角，再在那里，向左右各分一条短短的枝，背脊可从这裂口看到了，极软、苍白，略带灰色。不久，渐渐膨起，渐次变成了瘤，终究完全蜕出。

接着，头部也拉出了。面具，照旧留在原处，丝毫不改变。两只已经什么也不看的玻璃眼睛，实在奇妙得很。触角的筒，并无皱襞，丝毫不乱，保持着自然的位置，从这死而透明的面上垂着。

这回是轮到前肢了，接着是中肢也脱下了手套，依旧是不裂不皱，保持着自然的位置。这时，虫只凭长长的后肢的小爪挂着，它的头向下，垂直地下垂，我们若用指头去碰一碰，便像钟上的摆那样摇摆不定。

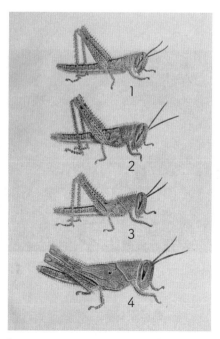

▍印度黄脊蝗蝻从一龄到四龄的变化

然后拉出来的是两对翅。这简直是四片狭幅的破布条，又像嚼碎的纸捻头，而长度也只是长成后的四分之一。这时是非常软弱的，垂在体的两侧；应该向着后方的翅尖，现在竟向倒挂着的虫的头部方面，恰像四片厚肉的小叶，受暴风雨的侵袭而萎垂。

　　这时，拔后肢了。大腿在里面是涂着淡蔷薇色的，一会儿，这种色彩变成浓红色的线条。照我们想来：拔后肢倒并不难，因为有庞大的基部和大腿，替细细的胫部，开了通路。

　　可是，事实上没有这样容易。蝗虫的胫部，有两行锐利的针状突起，还有四个粗爪附着在下端。蜕的胫部，也是同样构造：一个一个钩爪，用同样的钩爪，一一包着。一个一个齿，也是嵌在同样的齿里面。这锯子般的胫节，能够毫不损伤它的狭长的鞘而拔出，若不是亲眼看到，总不能相信有这回事。

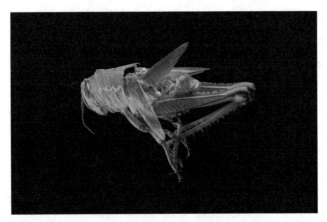

▌蝗虫的壳蜕

　　它刚才蜕出的肢，还柔软得很，不适于步行，但过几分钟，就相当硬了。接着，开始拔腹部了。这薄薄的上衣，起褶、生皱、缩成一团，连在尾端。这尾端暂时嵌在壳里，此外，蝗虫已全身裸体了。

它头向着地，颠倒挂着。着力点，现在是空的胫节上的四个小爪。这四个小爪，在全部作业中，绝不移动。

尾端粘在壳上，定着不动。肚子非常大，里面贮满了可构成组织的体液，这液立刻用在翅的发展上。

它休息了 20 分钟左右，背脊一挺，便向上了，再用前肢的跗节，攀着挂在上面的空壳，退出尾端，身子摇摆一下，而空壳堕地了。

完成了这种繁重的工作后，穿着齐胸短衣的跳蝻，就变成遮天蔽日的飞蝗了。

蝗群

蝗有集成大群，飞行各地的习惯。

1889 年，红海附近出现的大蝗群，面积有 500 平方千米；以一只重 1.77 克计算，全体已有 42 850 000 000 吨重。在远处的大群，恰像雨云一般。飞行的速力，普通是每小时 5 千米至 10 千米，若乘着顺风，20 千米也并不稀奇。高度约 1 千米。拍翅发声，和骑兵赴战场时的马蹄声一般，又像暴风乍起吹卷船桅。大群经过时，在附近的一切蝗虫，都全部加入，连无翅的跳蝻，也向着同一方向行进。地面不比天空，有重重的障碍，不让它们以直线行进，可是，跳蝻的坚决的意志，竟能战胜重重难关。若有墙垣拦住，它们便攀升；

若遇流水阻隔，便浮水而渡，有时各自咬住别虫的足，跨河架起一条活桥，牺牲一部分，让多数同类渡过去。

蝗群若降到地面，因虫数比草叶更多，青青的草原，立刻变成赤土。阿拉伯人常常受蝗群的迫害，害怕得很，竟认作是一种天降的恶魔来对人类复仇。他们想象中的蝗虫，是有牡牛的首、雄鹿的角、狮子的胸、蝎的尾、鹫的翼、骆驼的腿、鸵鸟的脚和蛇的尾巴的怪物。它具有一切动物中最强的、最快的、最可怕的特性。他们还相信，蝗虫只产 99 粒卵，若满百粒，它的孩子们便要吃尽全地球。北美洲曾有一种落基山蝗虫，政府为了对付它，还特地设立了一个特别机关。然而，在 2014 年，国际自然保护联盟（IUCN）正式宣告落基山蝗虫灭绝。

▌数以百万计的蝗虫在迁移

我国蝗灾，历朝都有，真是记不胜记。现在把《玉堂闲话》中，关于晋朝天福末年大蝗灾的记录，介绍在下面：

（蝗之）羽翼未成，跳跃而行，其名曰蝻。晋天福之末，天下大蝗，连岁不解。行则蔽地，起则蔽天，禾稼草木，赤地无遗。其蝻之盛也，流引无数，甚至浮河越岭，逾池渡堑，如履平地；入人家舍，莫能制御。穿户入牖，井涧填咽，腥秽床帐，损啮书衣，积日连宵，不胜其苦。郓城县有一农家，蓄豕十余头，时于陂泽间。值蝻大至，群豕跃而啖食之，斯须腹饫，不能运动。其蝻又饥，唼啮群豕，有若堆积。豕竟困顿，不能御之，皆为蝻所杀。

在草原上点点飞跃，引得小孩们东奔西赶地追逐的蝗虫，竟能这样加害于人，真是万万想不到的。关于它们群飞的生理原因，直到现在还不曾研究明白，这里也只好略去不谈。

治蝗

据说埋在泥中的蝗卵，若遇大雪，便要深深地往下钻，来年不得孵化。所以苏东坡《雪后书北台壁》的诗中，有"遗蝗入地应千尺"的句子。这究竟是否为事实，还须经过实际的考察，但采掘虫卵，要算治蝗的最根本办法。五十年前，日本北海道发生飞蝗灾害，开拓使就悬赏收买卵块，竟有不少因此发财的农家。

南非洲英国殖民地发生大蝗灾时，他们便张起布幕，拦住去路，使蝻全数堕入幕下新掘成的沟中。布幕的下沿，还缀上光滑的皮带，防它攀登。但这种方法，只适用于蝻，若已长成长翅，漫天飞舞，你再也休想拦阻它。

后来南非地方，对付这种飞蝗，是用煤气烧杀，但也有连植物都烧死的缺点。

以前发现的有效方法，是在它若虫时代，将砒酸铅、巴黎绿等毒药，撒布在食草上，把它毒毙。不过一切家畜，都须隔离。

这等凶横的蝗虫，其实也有许多天敌。上述的治蝗方式已不再提倡，现在我们多利用蝗虫的"天敌"，采取生态治蝗、生物防治、化学防治等可持续治理技术。

到了秋天，常常有死的蝗虫停在草上，这是被一种特别的菌类寄生的缘故。还有一种铁线虫，寄生在蝗虫的体内，当它从肛门外出时，寄生主蝗虫就死了。豆芫菁（*Epicauta gorhami*）要吃蝗虫的卵。此外像螳螂等，更是以蝗虫为主要食物。如果人们能保护这些昆虫和菌类，那么，蝗灾也可减少几分。

被天然存在的真菌蝗绿僵菌杀死的蝗虫，现在这也是一种环保的生物防治手段

几则蝗虫食谱

蝗虫要掠夺人们的粮食，但另一方面，人也在吃蝗虫。南非地方有吃蝗的人，他们除去蝗虫的翅和足，再将它研碎，作为日常的食料。有时，涂上麦粉，到油锅里去一炸，做成一种煎饼，这算是细点心了。平日，把蝗虫在火上一炙，蘸了酱油就吃。

在古阿拉伯国里，蝗虫算数一数二的上等肴馔，当举行祭典或庆祝时，台面上无论如何不能缺少这道菜。现在把独玛将军所著的《大沙漠》中，引用的阿拉伯某著者的蝗虫食谱，节译在下面：

蝗虫是人和骆驼的好食料。把活的，或是晒干的，取去肢、翅、头，或炙，或煮，或是加了麦粉炖汤吃。

晒干了，磨成粉，加些牛乳，或加麦粉调炼，再加脂肪或牛酪及盐，煮食。

那时王侯的御馔中，除鹧鸪、兔子以及美味的水果外，必定有用长长的竹丝串着的烧飞蝗。据说味道和小虾相似，但还要更鲜美。

第十一章
螳螂

别名和种类

在我国，螳螂的别名，除螳蜋、蚚蠰（náng）等外，倒很有几个有趣的。因为它昂首奋臂，颈长身轻，行走迅速，有马的姿态，所以叫作天马；又因它两臂如斧，当辙不避，叫作斧虫和拒斧；见它翼下红翅，和裙裳一般，又取了一个阴性的名字，叫作织绢娘。

欧洲方面，有一个带宗教意味的名字。因见它两臂常常缩在胸前，同祈祷一般，德语是 gottesanbeterin，法语是 mante，英语是 mantis，都是从希腊语 μάντις（预言者）衍生出来的，意思就是拜神者。美国有 rearhorse 这样一个俗名，意义是竖立的马，也是从它的姿势而来的。日本叫作镰切，因它伸臂捕虫时，恰像用镰刀切物。

螳螂的种类也相当多，现在把几种普通的螳螂，介绍一下。

狭翅大刀螳（*Tenodera angustipennis*）体长八九十毫米，是比较大的一种。全身绿色或黄褐色。前胸颇长，两侧有锯齿，背面有纵走的隆起。前翅比腹部更长翅，翅很细密，简直同绫一般，前缘现黄色。后翅半透明，横脉的一部分现褐色。前肢的基节，是黄橙色，跗节的内侧，有黑褐色的纹理。

狭翅大刀螳

枯叶大刀螳（*Tenodera aridifolia*）体形比狭翅大刀螳小些，长七八十毫米。全身绿色或黄褐色。前胸细长，背上有纵走隆起，但并不高。前翅盖到尾端，还略有剩余，横脉细，前缘阔，现黄白色。后翅淡褐色呈半透明，有一部分横脉，很明显，现浓褐色。

我国最常见的螳螂应属中华大刀螳（*Tenodera sinensis*），此外像体形较小的棕静螳（*Statilia maculata*）、有着宽而短的腹部的广斧螳（*Hierodula patellifera*），也是常常可以遇到的。最特别的是，产在东南亚的冕花螳，胸节的两侧和前肢的腿节，各有美丽颜色的薄膜张着。错认作花朵而飞来的蝶、蛾、蝇、蜂等，常被这螳螂捉住。

▌擅长模仿的冕花螳

若虫和成虫

螳螂从卵孵化，直到成虫，要蜕五次至十次皮，身子也随着逐渐长大，和蟋蟀、蝗虫一样，都是不完全变态的昆虫。粗粗一看，形态上颇和蝗科中的长额负蝗相像，但它的后足，不能像蝗虫那样跳跃，只用中足、后足，在草丛花间，敏捷地走着。装着镰刀状的前足的前胸，比中胸和后胸要长得多。这前胸的长度，从孵化出来的若虫起，每蜕一次皮，就长大一些。所以若知道了最初若虫这节的长度，只需将这节量一下，便能断定这是蜕了几次皮的虫。复眼的长成，也是同样。每蜕一次皮，复眼每只小眼的长径，也长大一些。

螳螂的若虫，也和蟋蟀、蝗虫同样，只生着短短的翅，有些地方，就叫它赤膊螳螂。但捕食的残忍性，从小就有了：刚从卵壳钻出来的小螳螂，先捕食蚊、蠓这般小昆虫，后来会捉蝇咧，小的飞蛾咧。身子逐渐大起来，那么连大型的昆虫咧，蜘蛛咧，都是它们的食料了。蝉也是它们喜欢吃的肴馔，所以有"螳螂捕蝉，黄雀在后"的成语。不过，多数螳螂和蝉的生活环境不同，且螳螂只能发现运动的猎物，因此螳螂捕蝉是小概率事件。蝗虫的体力比螳螂大得多，又会飞会跳，照理应该可以很容易遁逃。可它并不逃走，反而走到螳螂身边去，这真同受了催眠术一般。

螳螂从刚出卵壳的若虫时代起，直到成虫老死，终生捕食昆虫，在农家实在是一种有益的昆虫。若能够采集卵块，藏着过冬，到春季去放在害虫多的地方，一定有极好的效果。

捕食成功的螳螂若虫

狩猎

螳螂有着优美的姿态，漂亮的装饰，浅绿色围裙似的长翅，自由旋转的头。可是，这非常平和的外观下，隐藏着残忍的习性，祈祷似的缩在胸前的臂，就是杀人的凶器。

前肢的腿节比较长，像细长的纺锤，上面的前半截，有两排锐利的针。里边这排是 12 针，黑而长的和绿而短的相间列着。为什么要长短相间的呢？这样才能让轮齿更锋利。外面这排颇简单，只有 4 针（不同种类的数量略有不同）。

胫和腿的关节，是活动的关键。胫上面也密生着两排比腿上的更细小的针。胫端有和缝针相似的锐利的端爪，是下面有沟的双刀钩。

▎螳螂的前足是典型的捕捉足

螳螂在平时好像没有什么攻击力似的，两臂缩在胸前，真像一个祈祷者。若有什么可吃的虫类经过它的面前，祈祷的姿势立刻改变。三部工具，赶忙展开，将末端的端爪，远远投去。端爪刺着了，便向后拉，将捕获物拖到两条锯子的面前。前腕一动，两锯就闭合了，即使蝗虫、螽斯等比较强大的虫，一旦夹在四排针的齿轮中间，就什么本领也施展不出而死了。现在再把螳螂捕蝗的情形介绍一下[1]。

螳螂一看到灰色大蝗虫，便痉挛似的跳跃，摆出可怕的姿势：张开翅，斜斜伸向两侧，后翅满满张着，恰像装在背下尻上的两张对称帆，尾端剧烈地上下动摇呼呼发声，像火鸡张尾时的吐气声。后面的四肢，将身躯高高抬起，全身几乎直立了。攻击用的前足，缩在胸前，两肘向左右张开，和前胸恰呈十字形……

▌螳螂的警戒行为

螳螂摆出了这种奇异姿势，一动不动，眼睛注视蝗虫，头跟着

1　以下情形描写与实际不完全相符，螳螂遇到危险的警戒行为并非捕食行为。——编者注

对方的移动而旋转，摆这姿势的目的无非要使对方把自己当作一种凶猛的猎兽，惊惶骇怖，全身麻痹得不能动弹。

这目的达到了吗？在蝗虫铁一般的面具上，我们看不出有某种感情表现，但受了威吓的它，知道危险已迫在眉睫。怪物立在自己面前，举起武器想打倒自己，这是看得见的。也许连自己已去死不远也感得到吧！即使时间上来得及，长着粗腿会走会跳，生着长翅会飞的它，也不逃走。它就昏迷般静伏在那里。

小鸟在张开鲜红色大口的蛇的面前，恐怖得神经麻痹，更因蛇的眼光照射而昏迷，站在那里发呆，全然不想飞走，结果被蛇衔住了。蝗虫也差不多遭遇同样情形。当它昏迷时，螳螂的两把端爪，就远远地投去，爪刺进去了，两行锯合住了。不用说蝗虫也有可怜的抵抗，它的大颚向空咬，它的腿向空弹，但总是不能从两行锯中间挣扎出来。螳螂就收叠了军旗似的翅，恢复平常姿态而休息了。

螳螂攻击危险性小的蝉时，虽也摆出怪异的姿势，但没有像对付蝗虫时的威风凛凛，时间也短，有时竟不摆姿势，只轻轻地将端爪投去，就立刻带了回来。

它捉了俘虏，一定从后头先吃起。不论哪种昆虫，若这后头的小脑部分被它一咬，便毫不挣扎地死了。

轧拉轧拉吃丈夫

螳螂的生活中，最有意思的就是性的行动。大概到了八月底，雄虫就飞翔，或步行，在找寻雌虫交尾了。一看到雌虫，赶忙走近去：挺起了胸脯，竖直了项颈，静静地望着对方。雌的毫不关心地一动不动。雄的又向左右张开翅，"擦擦"鼓动，好像想使雌者知道自己在这里似的。这里我还须补添几句：雄螳螂的翅很发达，有许多比腹部更长；雌螳螂的翅，没有雄的这样发达，而且腹部肥满，不能飞的有很多。

不知怎样一来，雄的已看到了恋人许婚的表示，更走近去，再张开翅，痉挛似的拍动。可怜的雄虫，已攀登在肥满的雌虫的背上，而且慌忙用前足抓住雌虫的前胸，来保持身躯的安定，尾端向雌的尾端弯曲，生殖器密贴接合了。一般为预备动作所费去的时间颇长，可是真正交尾也要好久才完毕，有时竟到五六小时。

法布尔曾有一只已受精的雌螳螂，在饲育笼里吃了七只雄螳螂的记载。我们如把几对雌雄螳螂，关在一笼，在它们交尾时，雌的就趁雄的在愉快地抱着时，不管头咧颈咧，除生殖器外，全吃个精光。

这种要吃丈夫的残忍天性，除雌蜘蛛和雌蝎外，是再也找不到的。法布尔以为这也许是古生代遗留下来的劣根性。为什么呢？螳螂最古时代就出现于地球上，但现在还和在大羊齿林中徘徊的祖先一样，是不完全变态的昆虫，是不像蝶、蜂、蝇、甲虫那样进行完全变态的幼稚昆虫。那时动物的行动，绝不是温和的，为繁衍子孙的热情所动，什么都做牺牲，终于连自己的丈夫和同胞都要吃，而螳螂就继承了古代遗留下来的残酷的繁殖行为。

　　若从昆虫生理角度来解释，那么雌的这种行动，完全是从摄食本能而来的捕食反射运动。这时它并不曾意识到对方是自己同类中的雄虫，你若拿一个雌螳螂的头近去，它也同样地咬。即使像蚱蜢、蝗虫、蜻蜓等非其族类的虫，也同样地吃。还有一种解释是，失去头部的雄螳螂能交配更长时间，某种程度上有利于繁殖后代。

▍雌螳螂在交尾过程中吃掉了雄螳螂的头部

头被咬下还继续交尾

雄螳螂紧紧地抱住了雌的，专心一意在完成它神圣的任务时，这不幸者，失去了头，失去了颈，终究失去了身躯。可是只要后胸节还剩着，这无头的爱人，依旧紧抱着继续交尾。

胸部是长着足的，若失去了足，便不能把腹部保持在适于交尾的位置。所以，只要第三对足的后胸节，和这节的神经节还留着，就仍能交尾，仍能使雌的受精。有些人竟这样想：螳螂交尾行动的中枢，也许就是这节神经吧！这暂且搁着，讲下去会得明白。

那么雄螳螂究竟有什么特别构造，头被咬下还能继续交尾呢？我们还须撇开臆说，根据实验来研究一下。

不单是螳螂，一切的昆虫，若使它感到痛苦时——如将头摘住、捻转或扯下，有环节的腹部，便向左右乱摆，胡蜂、蜜蜂等，即使割下了头，还伸着腹部，频频将有毒的螫针乱刺，好像要蜇人，这螫针便是产卵管变成的。

由这种行动所产生的结果，就是尾端和他物接触。这接触，使雄生殖器起反射性的突出。若碰着雌生殖器，便由反射运动，而使两性生殖器联结着了。这反射运动的中枢，是在腹部的末端神经节。交尾作用一起，内部生殖器官像输精管等，分别受腹部神经节的指挥，一齐发挥机能。头部的存在与否，原来没有什么关系。

所以，当后胸节也被咬去，雄虫拥抱着的足已落下，光光的肚子，滚了下来时，你若拾起这腹部，适当地将生殖器部和雌的相接，那么仍旧起交尾的反射运动，而互相接合了。

这种行动，除螳螂外，别种昆虫也有的。例如谁都知道的蚕蛾，雄蚕蛾头部被切去了，还能起交尾似的行动。这种行动，因为是腹部神经的接触反射运动，所以对方倒并不一定要雌蛾。有时，若把人的指头，去碰一碰断头雄蛾的腹侧，腹部也会弯曲，清楚地表示想交尾的行动。即使切去胸部，只留腹部，也仍旧起接触反射运动，和螳螂同样。

像上面所说，接触反射和交尾行动相连接着的，除螳螂和蚕蛾外，还有许多，这里从略了。

螵蛸

在向阳的灌木小枝上，丛草的枯茎间以及石块、木材、碎瓦片上面，我们常能见到黏附着荔枝般大、黄褐色的半椭圆块。这就是螳螂的卵箱（卵鞘），又称螵蛸，可以充药用。

这种螵蛸，如果到火上去一烧，便散发一种烧丝般的焦臭，实际是和丝相似的物质造成，延长了便成丝。

从卵鞘中钻出来的螳螂若虫

螵蛸呈半椭圆形，一端圆钝，一端尖细，有时还装着一个短短的柄。表面是颇整齐的凸面，还有三条分明的纵带。稍稍狭细的中央带，由两行对列的薄片构成，恰像屋瓦般重叠着。这薄片的一端，非常活动，有呈平行的两行半开的裂口，里面孵化的若虫，可以从这里出来，所以有人叫作"脱出带"。

此外便是多数家族的摇篮，有不能逃越的壁障隔着。在侧面的两条带，几乎占了半椭圆的大部分。上面有多数细横条，是藏着卵块的各房的标识。

把螵蛸横切开来看：卵集成了非常坚硬的长粒，侧面是恰像凝固的泡沫般的厚壳遮盖着，上面有弯弯曲曲的薄板，绵密地塞着。

卵的头部向着脱出带，集成弧形的层。分娩的时候，卵大概是从长粒的延长部，相合的两薄片间的空隙滑下去的。在这样狭隘的地方，若虫怎样出来呢？不慌，它们立刻能从奇妙的装置中寻得通路！终究到达了中央带，那边，在鳞状甲下，为了各层卵，开着两行出口。一半若虫从左出口，一半从右出口出去。

▌ 已孵化的广斧螳卵鞘的剖面

不看到实物，是有点难懂。把这螵蛸的细部，大略说来：枣核形的卵块（长粒），一层一层排列在巢轴上，外面用凝固的泡沫般的保护壳盖住，上方中央的一线，构造上又特别些，用小小的薄片并列着；这薄片的活动的末端，在外部造成脱出带，所以，中央线是有两道鳞形的出口和一条狭沟。

螵蛸的形态，又因螳螂的种类，而略有不同。像枯叶大刀螳产的，下垂似的附着在树枝上，外壳极硬，现灰褐色。宽头大窄颈螳产的，不十分大，多附在树皮或竹枝上，呈稍稍不正的圆形，实质柔软，恰像海绵。广斧螳多是产在树木的枝干上，稍呈椭圆形，褐色，中央有一条灰白色的纵线，质很坚硬。棕静螳多产在草根墙脚，和狭翅大刀螳的很相像，只略略小些。

卵在六月里孵化，一枚螵蛸能孵出一百只以上的若虫。

产卵

螳螂卵箱的构造，既是这样复杂，那么再将它创造的经过来研究一下，总也不是徒劳的吧！

造卵箱的大部分材料，从螳螂尾端许多圆筒形的管中流出。这些管分成两大群，每群有二十多条，里面充满着无色的黏稠的流动体。

当黏液断续地分泌时，下腹部末端的两个横张着的阔瓣，便不断地、迅速地搅拌搔抓，使黏液一流出就变成泡沫。这和我们搅打蛋白，使生泡沫的情形一样。泡沫中自然大部分是空气，但这些并不是螳螂排出的，因为这体积要比螳螂肚子的容积更大。

　　这泡沫是灰色略带白色，稍有黏性，和肥皂泡很相像。当它刚分泌时，用麦秆去碰，容易粘着；过两分钟光景就凝固，不会粘在麦秆上了；再过一会儿，就十分坚硬了。

　　螳螂尾端，一面将两瓣迅速地一开一闭，一面又像钟摆似的左右摆动，由这种摆动，内部造成了卵室，外部显现了横纹。尾端每摆到急激的弧点时，便更向泡沫中一沉，好像把什么东西埋进去似的，这不用怀疑，是在放卵。

▌产卵中的螳螂

　　新造成的卵箱上的脱出带，洁白无光，用石灰质般而有细气孔的物质涂着，和灰白色的别部分，恰是一个很好的对照。这白漆易碎难落。若把它搔去，便能清楚地看出：脱出带上有两行尖端活动的薄片。这些薄片，常因风吹雨打，一片一片、一块一块落下，所以旧的卵箱上，连痕迹都没有。

那么，两列的薄片、沟及被它们遮盖着的出口，究竟是怎样造成的呢？这连大昆虫学家法布尔都无法推想，只好暂搁一边，请诸位亲自去观察。

真是奇妙的机械啊！要把中心粒的角质，保护用的泡沫，中央线上的白漆、卵、受胎液等，整齐而迅速地排出，同时，造成重重叠叠的薄板，鳞形地排列着的壳，内部交错的沟。连我们人类也要茫然无从着手吧！但螳螂从不回头看一看后方的建筑物，也不用足帮助一下，只凭着尾端去做。这与其说是奇妙的本能的工作，倒不如说是有恰当的工具、有组织的纯粹机械的工程，来得确切。

第十二章
天牛

种类

天牛头上长着两只长长的触角，和水牛相似，所以得了这样一个名字。因它能摩擦头部和前胸，发出"叽咯叽咯"的锯木声，所以通俗又叫"锯树郎"。日本叫它毛切，因为它能咬断头发。种类极多，全世界已知 25 000 种。现在把我国常见的几种，介绍一下。

皱胸粒肩天牛（*Apriona rugicollis*）体长 36 毫米至 42 毫米。全身现灰白色，稍带青或绿，密生黄色的短毛。触角比身子更长，白色，但柄节、梗节及各节的末端，都呈黑色。前胸节的背面，有突起的横纹，两侧面有锐利的齿。鞘翅的基部，有许多小黑点散布着。幼虫寄生在桑、橘、无花果等的树干里，所以也有俗名叫桑天牛。

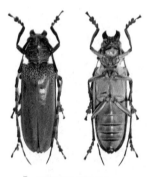

▌皱胸粒肩天牛

栗肿角天牛（*Neocerambyx raddei*）体长 45 毫米至 57 毫米，是比较大型的种类。全身黑褐色，有淡黄色的短毛。头向前面突出，触角也颇粗大。前胸背部，略呈圆形，有横向的皱纹。鞘翅平滑，上有微细的斑点。各腹节的后缘，现黄褐色。是七、八月里出现的普通种。幼虫寄生在栗等壳斗科植物的木质部。

▍栗肿角天牛

锯天牛（*Prionus insularis*）体长 24 毫米至 40 毫米。除身体的下面和触角现黄褐色外，全是有光泽的黑褐色。头向前方突出，眼睛很大，触角长，呈两锯齿状，最后三节最长。前胸的两侧，有锯齿状的突起。鞘翅粗糙，有大的纵沟和皱痕。足颇粗，也现黄褐色。幼虫吃榆等枯木。人去碰它时，就摩擦胸部，发出尖锐的"叽叽"声。这是北方常见的种。

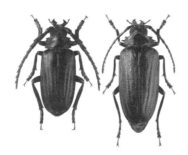

▍锯天牛（左雄右雌）

密点白条天牛（*Batocera lineolata*）体长和栗肿角天牛相近，也是大型种。体现灰色和暗灰色。触角比体更长，略带暗色。头部两侧的一条纹、前胸背部中央的两条粗纹、两侧的粗纵纹、棱状部、鞘翅上不规则的斑纹和各腹节两侧的斑点等，都是白色。前胸的两侧，有大型的锐棘，鞘翅基部有许多颗粒突起。幼虫也寄生在壳斗科植物的干内。分布在我国南方。

▎密点白条天牛

华星天牛（*Melanauster chinensis*）体长 24 毫米至 39 毫米，是大型种。体现有光泽的黑色；但体下及足上，有稍带蓝色的灰白毛密生着。触角比身子更长，各节的基部现带蓝的灰白色。前胸背的中央部，有一个瘤状突起；两侧还有粗大的棘状突起。大型鞘翅的基部，有许多大点刻，翅面不规则地散布着十五六个白点。幼虫蛀入桑、无花果、橘、柳等木质部，是一种遍布我国南北的有名害虫。

椎天牛（*Spondylis buprestoides*）体长 20 毫米左右，现黑色，背面有光，体下暗色，大颚和前胸，形状很大。鞘翅上点刻很多。触角很短。一看好像吉丁虫，所以又有拟吉丁虫这样一种名字。幼虫吃松、柏等朽木。除我国外，西伯利亚、欧洲也都有产生。

▌华星天牛

▌椎天牛

　　此外还有颜色美丽的竹红天牛（*Purpuricenus temminckii*）、绿长绿天牛（*Chloridolum viride*）、专吃葡萄的葡萄脊虎天牛（*Xylotrechus pyrrhoderus*）等，不备述。有一种能散发芳香的杨红颈天牛待下面再细说。

散发芳香

杨红颈天牛（*Aromia moschata*），产在日本的东北地区、我国的北方以及欧洲。

这种天牛，全身绿色，前胸部或多或少呈现红色，所以很容易辨认。幼虫常常寄生在柳树干内。因为它能散发一种浓烈而快适的麝香般的香气，所以也叫作麝香天牛。

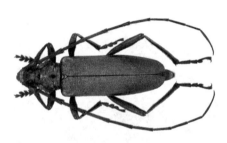

▌杨红颈天牛的外壳呈金属光泽

夏天，常见杨红颈天牛，前方摇着长长的触角，在柳树的枝干，上下走动；但到了雨天和寒冷的时候，它便躲向叶间，或潜居朽木洞中，不大肯出来。它有时吸食锹形虫等替它开掘的甘泉——从树干内渗出的液汁；有时多数集在一块，追求恋爱。

据兹拉培儿所记，德国北部地方的人，常将这种天牛的香气，移到烟草上。方法很简单：先捉几只杨红颈天牛，同烟草一起放在盒子里，经过了一些时间，估计香气已经吸收着了，便将天牛取出。这麝香腺开口在后胸片的后转节的基部。这腺的分泌液，一碰到空气，就化气而散发芳香。

据斯米鲁纳夫说，这种挥发液，含有一种化学物质，是从柳木摄取来的古利可柴利清［现已知晓是四种单萜（tiē），包括广泛用于香水制作的玫瑰醚（mí）］的分解作用而产生的一种副产品。又有一种试验，可以证明他的推理正确：如果用糖液饲养杨红颈天牛，这麝香腺的原有分泌物，立刻中止，香气也换了另一种。

甲虫，妇女们多害怕和嫌恶的，何况这种天牛还会叽叽地发声呢！不过因为爱它的香气，人们多去捉来包在手帕里，或戴着手套玩弄，使手帕手套都染着香气。

幼虫

恋爱生活告终，卵成熟，雌天牛便咬破树皮，在里面产下一个卵，再将原来的树皮盖上。不久孵化的幼虫，便吃了这韧皮层，再逐渐向木质部吃进去。

幼虫的形态，的确要比成虫奇妙得多。你看！正像一段会爬的肠。它们在树干中度过三年寂寞的黑暗生活，所以我们在秋季劈开柳、栗等树根头来看，常能遇到老幼两种：老的同指头这般粗，幼的比铅笔杆还细，有时还能看到多少带颜色的蛹和肚子饱胀等着天暖就要出来的成虫。这长长的三年，是将木屑作为粮食、开辟道路而消磨的。它用木匠的圆凿般边缘锋利、中央低洼、短而结实的黑色大颚，从正对面开过隧道去，一面把落下来的锯屑碎片，一一吞进嘴里，当通过肠胃的时候，榨出仅有的一些养分，而堆到尾后。前面一段一段进去时，尾后便一段一段地塞住。凡是在树里求食宿而开孔的虫类，都是这样的做法。

天牛幼虫

天牛的幼虫，当运用两把圆凿时，常将全部力气，集中在身体的前部，所以头胸肥大，腹部细长，变成棒槌形了。它口边有颇坚牢的漆黑色的角质，将圆凿坚固地束定。可是，除工具和头盖外，它的皮肤，真同缎子一样细滑，带着象牙似的白色。看了它胖胖的身躯，谁也想不到，它所吃的竟是些缺乏滋养的木屑。实际，它除日夜不歇地咬啮之外，什么工作都不做，但通过其肠胃的木屑的量，也颇可观，所以积少成多，不会缺少养分的。

足由腿、胫、跗三部分连接而成。起初是粒状，最后呈针状，这些都是退化后留着的痕迹，不能作步行用的。

腹部的前七环节，上下两面，各有细的突起。这些可随幼虫的意思，或胀而突出，或窄而收缩，叫作步泡突。再仔细说来：当前进时，前部的步泡突一缩，同时后部的步泡突便胀突。于是后部贴在狭窄的隧道壁上，将全身支住，前部因步泡突收缩而减小直径，可以向前滑去，完成了半步。但后部也不能不前进，因此，前部的步泡突又膨胀而支定，同时后部的步泡突收缩，留出空隙，让环节收缩而前进。天牛的幼虫，就是用腹背两行突起，一胀一缩，在塞得满满的回廊中，轻便地或进或退。

虽然天牛成虫有好好的一对眼睛，但幼虫时代，影迹全无。因为在漆黑的厚厚的树干中，还要用什么眼呢！听觉也没有，深深的树层中，是永远的静寂。难道没有声响的地方，还需要听的能力吗？这可以做一种试验：将这幼虫的家纵剖开，变成可以看它行动的半管，静静地放着。它或是咬啮碰到的回廊，或是将步泡突上的锚，投在沟的两侧而休息。当它休息时，我们就是敲打铜锣，或用锉"叽哩叽哩"磨锯子，它也丝毫没有反应，连皮肤都不皱一皱。就是你拿了钉头，在它的回廊旁，沙沙地搔抓，它也仍泰然自若。

它有嗅觉吗？同样没有。嗅觉原是帮助搜索食物用的，可是天牛的幼虫不需出去寻求食物，它的住宅就是食料，当然不需要嗅觉了。而且在长长的三年间，只吃一种食料，它的味觉只能辨别木屑的滋味。

不能不再考察一下的，就是它的触觉。在刺针之下，它会和一切生物同样地发生苦痛的颤抖。所以，在幼虫状态中的天牛的感觉，只有简单的味觉和触觉。

天牛的幼虫，在感觉器官方面，是这样低劣贫弱，但在先见方面，真叫我们惊叹。它知道未来的成虫，没有在坚硬的木质中开辟道路的能力，所以会冒危险，赌生命来提前准备好。它知道天牛穿着硬硬的铠甲，不会掉头而走出门去，所以它特意头向着门口，化蛹而入睡。它知道蛹的肉是十分柔软的，所以在房间里张起了细纱帐。

还有相对少数的天牛，预料到在慢慢进行的变态中，难保没有恶汉闯入，所以在门口制造了一个石灰质的盾。它不单清楚地看到未来，而且对应地做准备了。

精美的化蛹房

天牛的幼虫，在树干中一会儿升，一会儿降，一会儿向这边弯，一会儿向那方绕，吃了一层又一层。这里有走不尽的路，吃不完的粮，既没有天灾，更没有敌人，如果世间真有所谓"洞天福地"，那么只有它才在实际享受。可是，三年虽长，不得不离去乐土，投入生存竞争场中的时候，终究到临。

未来的天牛，从树干中孵化，两角高翘的成虫，是否带着同样的工具？能够开辟出来的道路吗？这是可以实验的：将一段栗木，对劈为俩，里面雕成几个洞，再把化成蛹的天牛，一只一只放进这人工的独身房（这种天牛蛹，在十月里，是很容易在树根头找到的），再把两片照旧合着，用铁丝牢牢缚定。光阴如箭，腊尽春回，一忽儿已是六月了。这时，树段里便沙沙发声，好像天牛要向外出来似的，可是一只也不见出来。过一会儿声音也没有了，解开来一看，这些囚徒，全部死亡。洞里留下还不到一撮鼻烟似的锯屑——它们的工作成果，仅此而已。

那么，天牛不好沿着幼虫开辟的坑道而出来吗？这更是万万不可能的。一则，这很长，很曲折，而且有剥蚀下来的东西，坚固地塞着；二则，拿这坑道的直径来讲，从终点回到起点，不是逐渐小下去吗？幼虫走进木中时，正同一根细细的草蔓，成虫时已经同指头这般粗了。三年之内，它是不绝地以身体作为模型而开掘坑道的。所以以前幼虫走的坑道，现在天牛不能用作出来的路。何况它有张开的触角，长长的足，坚硬的铠甲，在这条狭隘而蜿蜒的回廊中，除拂去填塞的剥蚀物外，还该扩大一些，这终究是无法战胜的困难。所以，天牛的状貌，无论怎样强壮，都没有自己出树干的本能。开辟道路的责任，又落在幼虫身上，又落到"一截肠"的身上了。

那长吻蚜蝇的幼虫，能够用穿孔器，替孱弱的成虫，预先钻通凝灰岩；天牛的幼虫，也负着同样的责任。天牛的幼虫，好像由一种我们无法测知的神秘的预感所催促，离去了平和的幽居、难攻的堡寨，向着有可怕的外敌等着的外部进行。它拼着生命，执拗地钻而又钻，啮而又啮，一直摸索到树皮下，而且将韧皮层啮得差不多没有厚度，同透明的窗帷一般。有时，这大胆的虫，会直接开一个大窗。这就是天牛成虫的出口。

刚开好了救命窗的幼虫，又稍稍向回廊中倒退，在廊旁开辟一间化蛹房。这里面，有我们不曾看到过的豪奢家具和坚牢门户。这房的式样，像压扁的椭圆体，颇广阔。长80毫米至100毫米，横断面上的纵横两轴，各个不同，水平轴是25毫米乃至30毫米，垂直轴只15毫米。这样宽阔的房间，那成虫当要打开门户时，肢体也可舒展一下。

说到这化蛹室的门，这幼虫为防御外面的危险而造的关，常是里外两重：外侧是木屑堆，内侧只一片矿物质洼盖，色同白垩。有时除这两重之外，里面再加一层木屑。房的内壁是细细地刻削过的，木质纤维丝丝分解，变成天鹅绒一般了。

出外的路开好，独身房里已铺满了天鹅绒，三重门也塞定，勤奋的幼虫，已把一切工作都做毕了。它丢弃了装在身上的种种工具，蜕壳，化成孱弱的蛹而躲在襁褓里，睡在床褥上。它身子很柔软，在狭狭的房间里，也可以掉头，但到了未来的天牛，那是不能了！它穿上角质的铠，全身硬邦邦不能骨碌骨碌打滚。而且，通路若略略曲折一下，它连稍稍将身子弯一弯都不成功。所以，如不愿在房中闷死，蛹一定要头对着门睡觉。蛹若偶然疏忽一点，头向着里面睡，那么摇篮将变成无法超拔的地狱，到底不免一死。

春季告终，由蛹羽化的天牛，企慕看太阳和光明，决意外出了！横在它面前的是什么？木屑的堆，这些只需搔爬几下，立刻飞散了。此后是石盖，这并没有弄碎的必要，用额顶几顶，用爪搔几搔，就落下了。事实上，我们常常看到，毫无伤痕的整个盖，丢弃在房门口。最后还有一座木屑山。这也和以前同样，很轻易地搔散了。此后便踏上甬道，向大门走去。布在大门口的窗帷，真是一啮便破，非常容易。于是，它舞着长长的触角，在光天化日之下迈步了。

▌天牛幼虫钻蛀取食，开辟通道，对树木的破坏极大

一个小小的化学实验

我们若将化蛹房门口的矿物盖，仔细一看，要不知不觉地惊叫起来。这色若白垩，坚同石灰石，内面光滑，外面有小突起的长椭圆形的球帽，是幼虫一口一口吐出来的粉浆似的材料造成的。无法修补的外侧，就有许多凝固的突起；内面再加打磨，却变得十分光滑。那么这盖究竟是什么物质构成的呢？它好像石灰石的薄片，虽脆而坚。放入硫酸中，即使不加热，它也溶解而放气泡。溶解很缓慢，小小的一片，也要费几小时。除带黄色的黏黏的物质外，全部溶尽。假如加热，便现黑色。这就是有机质的黏着物，将矿物加上黏合剂而炼合的证据。溶液中若加硫酸盐，便浑浊而生许多白色沉淀物。从这种现象看来，可知盖的材料是碳酸石灰、使石灰质的粉浆坚实用的某种有机质（大概是蛋白质）结合而成的。

那么，石灰质究竟产生于这虫的哪部器官呢？我认为供给石灰的是胃和乳糜室。无论分泌出来就成石灰质或是从硫酸盐转化而成，都和食物隔离藏着。它从一切食物中吸收这种物质，一直贮蓄到要吐出的时候。

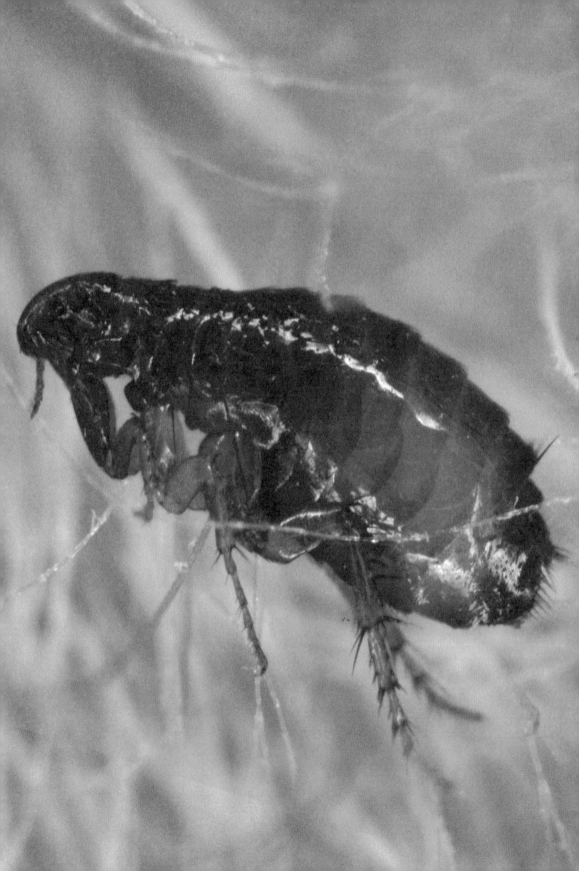

第十三章
蚤

种类

　　这样小小的蚤，要分别种类，似乎是一件困难的事。其实，可以依据栉刺（英语是 ctenidia）的构造，来大致区分。栉刺是栉齿般排着的黑褐色的棘，因种类不同，生着处也各异：有的生在第一胸节的后缘，有的是在头部的腹面，有的只生在第一胸节上，还有几种，竟全身找不到什么栉刺。

　　蚤的种类，全世界已记载 2 500 余种。其中和人类生活有密切关系的，是人蚤、猫蚤、鼠蚤、狗蚤等，简单说明如下。

　　人蚤（*Pulex irritans*）是分布全世界、身躯最大的蚤。体赤褐色，没有栉刺，后腿的弹跳力很强，一跳有 33 厘米远，高达 18 厘米。这种蚤，虽寄生于人体，但猪身上也颇多，有些学者竟主张"倒还是称为猪蚤适当"。猫、狗身上也有看到，冬季尤其多。

▌人蚤，左雄右雌

　　鼠蚤中最著名的是印度客蚤（*Xenopsylla cheopis*）。它寄生在全世界热带海港的鼠身上，跟了鼠乘着海船，到停泊处上岸。因此在传播鼠疫上，它要算一个主要角色。近年为了预防鼠疫，有些港口，设法断绝陆地和船舶间的鼠的交通。这种蚤和人蚤很相像，也是肥大而无栉刺，不过有着其他不同点：第二胸节特别狭些，口器少一部分，头部后缘列生刚毛，中胸侧板是纵裂为二，等等。

犬栉头蚤（*Ctenocephalides canis*）俗称狗蚤，形状和人蚤相像，不过雌的头部尖些，而且第一排栉刺，只第二排的一半这么长。跳跃力没有人蚤这么强。原产地是欧洲，现在已分布全世界。猫栉头蚤（*Ctenocephalides felis*）俗称猫蚤，形态和习性都跟狗蚤相像，有些学者，竟认为是变种，而不把它们分作两种。但毕竟也有一点小小的差别，就是：雌蚤的头部，狗蚤的长度不到高度的两倍，而猫蚤却有两倍。雄蚤的生殖器方面，也有差别。分布区域是热带和温带，所以我国南部，常能看到。宿主的范围颇广，猫狗自不必说，除了人类、几种野兽，有时还会移到鼠身上去。

▎狗蚤（左图）和猫蚤（右图）

鸟蚤（*Ceratophyllus gallinae*）体现赤褐色，而且长宽相等，稍呈圆形。复眼的前面有一根刚毛，后胸侧片上有六根刚毛，但没有栉刺。常常钻进鸡冠的皮下，使它生一个瘤。原产地是美国，现在已分布全世界。除鸟类外，有时也寄生于人类、狗、猫、马等。

鸟蚤

　　像上面所说，各种蚤的宿主并不限定某一种动物，时常向别种迁移的，那么，在人类、鼠、猫、狗间，各蚤的迁移状况怎样呢？日本小泉丹将观察结果列成一表，现在就抄在下面：

	人	鼠	猫	鼹鼠
人蚤	569	0	5	0
印度客蚤	1	255	18	239
角叶蚤	2	153	6	18
狗蚤	6	8	663	1

　　表中的鼹鼠，本来不是蚤的寄主，为了试验起见，把它放在室内一昼夜，看集到身上来的哪种蚤最多。照这表中数字所示，是印度客蚤的迁移性最大。

发育和寿命

　　蚤的卵近乎圆形，直径约半毫米，肉眼看得很清楚，白色而有光泽。雌的常产卵在宿主的身上，卵会再落在地面或卧处。因为这卵相当坚硬，表面干燥，不会附着在别种东西上面。但也有几种蚤，自己跳到地面去产卵的。产卵的数目，因种类、营养状况及其他种种原因而各异。每天产卵数很少，3 枚到 18 枚，但产卵期可延续数月之久，所以总计起来，数目也颇大——人蚤有 480 多枚的记载。

　　幼虫长约 6 毫米，黄白色，无足无眼，生着许多毛。举动倒很活泼，生活在有动植物质混着的尘埃中。食量并不大，凡动物的排泄物、血液、已发芽的谷类等，都可做它们的粮食。幼虫期间的长短，因温度、湿度和食粮的供给情形而相差很大。若一切都适顺的话，那么通常是一星期到三星期——否则有延长二十星期的。这期间经过两次蜕皮，变成了蛹。

　　不论哪种蚤，幼虫都要作茧而化蛹的。蛹圆形，丝质的茧壳外面，常有尘埃、泥沙等附着，所以不大看得清楚。蛹的生长期也有长短，普通是一星期左右，有时竟到一年或一年以上的。气候愈冷，蛹的生长期便愈要延长。

　　成虫喜欢湿润和寒冷。若把它们放在干燥的环境，不给恒温动物的血液吃，那么大多数在六天之内就死了。在适当的环境，寿命也颇长：在湿润的冷处，人蚤可活到 125 天，狗蚤 58 天，印度客蚤 38 天。若再每天给它吃血，那么人蚤能活 513 天，狗蚤有 234 天，印度客蚤有 100 天。

第十四章
蚁

蚁的社会组织

　　蚁，在动物分类学上，属于昆虫类的膜翅类，和蜂类相近。现在世界上已经知道的，就有超过一万种。我们常见的是：工蚁身体呈赤褐色的红褐林蚁（*Formica rufa*）；工蚁头上有大凹陷，全身黑褐有光的亮毛蚁（*Lasius fuliginosus*）；身长 14 毫米左右，雌蚁黑色有光，工蚁赤褐色的毁木弓背蚁（*Camponotus ligniperda*）；还有身体呈黑色，雌蚁长 15 毫米，工蚁、雄蚁长 10 毫米，大工蚁头大，腹节后缘呈黄褐色的日本弓背蚁（*Camponotus japonicus*）。

　　在古代，早就有人明白蚁也过着和人类相似的社会生活。2300年前的亚里士多德就说过："蚁过着无支配者的社会生活。"所罗门王的格言中，有这样一节："你们这些懒汉，去看看蚁的生活啊！蚁虽没有王侯、酋长、主人，但夏天耕种，秋天收获。"

　　蚁也和人类一样，住在一定的社会之内，平时孜孜不倦地做各种工作，遇到外敌侵袭，便舍身卫家。人类用言语传达信息，蚁也用触角，做各种暗号，互相关照。人类社会有种种分工，蚁也有凶猛的掠夺者、杀戮者，也有牧养蚜虫的和平牧人。在人类社会发现的丑恶行为，蚁类社会也并不稀少，像战争、窃盗等，都很流行，而且连畜养奴隶，实行榨取的事情都有。

　　蚁社会和人社会，社会形式的根本条件，都以分工的原理为依据。蚁的社会中，每个个体都有适合做某种工作的特殊构造，一定要大家集合起来，才能生活。所以集体之内，没有斗争。

　　蚁的幼虫，和蛆相似，软弱得很，连足都没有，在未化蛹以前，一切都得靠母蚁照顾，因此母子之间，已形成一种小范围的共同生活。幼虫长成后，再同样养育第二代的幼虫。最初小小的家族，后来逐渐发展成由一母所生的多数子孙团结而成的社会。一代一代下去，小孩多得数不清，要是再不分工，母蚁就照顾不了了。于是，只有一小部分雌蚁照旧繁殖，其余大部分，专心养育孩子并做与养育有关的许多事务。这样经过无数世代，这些年轻保姆的生殖器，因持续不用而退化。它们的身体也因适应这种特别生活而发生变化，这就是蚁社会里的劳动者（工蚁）。这劳动群的出现，对于蚁类社会生活的完成，有着重大的意义。

蚁类社会中，包含形态和工作不同的雌蚁、雄蚁、工蚁三类成员——在一些蚁种中，还有头大颚强、专任护巢的兵蚁。工蚁无翅，我们常见它们在巢房旁奔跑，或排队而行。它们专门负责巢的建造、修缮，孩子的养育，食料的采集、贮藏，巢的守卫等工作，是蚁类社会的中坚。雄蚁和雌蚁都有翅。雌蚁有好几只，通常被称为蚁后，其实它们不会发布什么命令，行使什么权力，只努力产卵，并在迁移时哺育孩子。雄蚁的生活非常简单，它们连同伴和敌人都分不清楚，更别说劳动了。除繁殖时期外，雄蚁不出巢门，真是一种繁殖机器。从外形来看，雌蚁身体最大，工蚁最小，但工蚁的头要比雄蚁大得多，和雌蚁相差不远。

雄蚁　雌蚁　工蚁

┃ 弓背蚁的雄蚁、雌蚁和工蚁的体形和头部大小对比

蚁巢

蜜蜂和胡蜂，能够用蜡和木浆，制造六角形的巢房。但蚁巢的构造，没有统一的样式，极不整齐，看了地势，应了天时而千变万化。造巢的地点，因种类而异：有的在石下，有的在朽木下面，有的在树皮下面，还有些造在地下。

造地下巢时，蚁用上颚挖掘。掘下的泥块，一定要运到远方，免得成为巢口的标识，易被敌人找到。巢口，有时开在草地上，有时用泥块塞住。地下有坚固的墙壁，平滑的地面，大大小小的房间，曲曲折折的回廊，有的更依着垂直的隧道，房屋造成好多层（有深度超过三米的），冬季寒冷，便住在深处，夏天燥热，又迁到上层来。

在少石而保温不易的地方，巢口便造起一种稍高的塔，称为蚁丘。是用湿的泥粒和草茎薹（tái）屑等，建造而成，也有用松针堆成的。蚁丘都朝向东南，吸收朝阳的光，以增加巢内的温度。凡是天气炎热的热带地方，蚁丘便看不到了。

瑞士昆虫学家奥古斯特·弗雷尔所研究的阿尔香地区有一种蚁巢，有6个巢口，周围都有高高的蚁丘，巢口和巢口的距离，是3米到10米，这些巢口，都有隧道通到地下2米深处。这巢的面积有20平方米到30平方米。各门口向下直冲着仓库，这是全巢的仓库。

有些蚁造巢于树上。它们在树皮下造一条隧道，再在树皮上穿一孔，作为进出口。像那种毁木弓背蚁，原本在朽木中造巢，但如果活树中有空隙，它们也会去造巢。台湾地区有一种很小的举腹蚁，在树梢造一个球形的黄板纸似的巢，大的，直径有七八分米，粗粗一看，可能会错认作胡蜂巢。这巢是蚁啮碎树皮，混入自己分泌的唾液而造成的。巢内往往有暗色、带天鹅绒光泽的菌丝，这是蚁嗜好的食物。东南亚还有一类织叶蚁，用幼虫吐出来的丝缝合叶片造巢。

在中国云南的西双版纳，可以常常见到黄猄蚁。这种蚁属于织叶蚁类，可以把树叶缝合起来做成蚁巢

蚁的感觉

蚁类不仅能建造复杂的房屋，组织完密的社会，还能畜养蚁牛，培植菌类，播种谷物，役使奴隶，有别的昆虫不能及的智慧。现在我们先来把它们各种感觉器官的能力调查一下，看看究竟发达到什么地步。

蚁终究有没有痛觉，的确还存有疑问，即使有，也很微弱。因为它们即使被截去了腹部，也还有舐食蜜汁的食欲。它们有听觉吗?

各昆虫学者虽在研究蚁的听觉在何处，但现在也还没弄明白。

蚁类嗅觉的发达，已有种种实验证明。蚁凭了嗅觉，能够辨出物质的形态、硬度、高低、方向，有我们想不到的一种辨认力。我们用两只眼睛去看，所以不会想到，除眼睛外，还有许多"看法"。蚁看物时，除视觉外，触觉、嗅觉也一定有帮助。

蚁的眼睛，也和蜻蜓一样，是由几千个小眼集成的。不过雌蚁和雄蚁的小眼数，要比工蚁多些，因为它们在空中结婚时，眼睛是发现异性的重要器官。

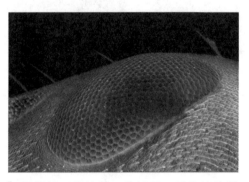

显微镜下的蚁眼，像蜂窝一样的结构就是由一个个小眼组成的

触角，不论对于哪种昆虫来说，都很重要，对蚁来说，尤其有特殊的用处。当两只蚁要传达信息时，就全靠这一对触角。据弗雷尔所记，蚁在触角的打法中，有八种信号：一是传遍全体的信号，这是从甲到乙这样传过去的；二是获得甘露的信号；三是指示前进方向的信号；四是指示食物所在的信号；五是攻击或遁逃的信号；六是通告某一定地带发生危险的信号；七是镇抚骚扰的信号；八是出征的信号。

现在有各种扩音器发明，若拿去研究蚁的触角打法，也许能发现种种有趣而特别的音。用这种扩音器听我们心脏的鼓动，宛同雷鸣，那么蚁的触角相击，也许能听出有各种不同的音调。这种研究，谁也不曾计划过。不过研究时该用产在热带的大蚁。

蚁怎样确定方向呢？关于这个问题，人们进行过种种试验。现在已确实知道：它们进路的方向，是由太阳的位置引导的，而且好像月光、星光也可用来定向。我们试着把蚁的队伍搅扰一下，它们纷乱了一下，立刻又恢复原状。它们的队伍，有时长到五百米。

蚁的社会里还有一种游戏：如果有某种愉快的事情，它们便发出一种信号，互相用触角巧妙地拂拭。它们有时也贪睡午觉，这时，要有什么事情发生，同伴便用触角敲打，催它起来。

蚁之间的交流除了通过触角，还可以通过一类叫"信息素"的化学物质。图为两只弓背蚁的工蚁正在通过触角和信息素交流

蚁是一种有洁癖的昆虫。巢内要是有虫粪、食物残屑，就赶快丢到巢外，它们常常留意着，不要使触角沾染尘埃。它们用掌（跗节）和腕（胫节），摩擦面部，仔细地拂拭触角，揩净口器，还怕惹同居者的厌恶，更把身体从上到下揩拭清洁，凡是嘴和足碰不到的地方，就互相擦几擦。我们常在蚁巢附近，看它们这样细细化妆。

空中结婚

　　她必定向没有小鸟打搅的地方飞翔。她再向高飞，于是，从下面追上来的雄群，稀薄了，零落了。弱者、残废者、老者、发育不完全者、营养不良者等，绝望了，在空中消失了。在云霞般无限数中剩下来的，只精力绝伦的小群。她再用尽最后的余力，看吧！以不可思议力而当选的，追着她，捉住她，征服她了。他们用二重翅力支持着，抱合了向上飞翔，在相对的恋的狂热中，盘旋乱舞。

　　这是有名的诗人梅特林克描写蚁类空中结婚的美文，词句优美，情景逼真，所以就借来做这节的引子。

　　在"南风吹，大麦黄"的初夏时节，蚁巢中便有许多生着翅的蚁孵化出来了。这些有翅蚁，无论雌蚁雄蚁都比工蚁大得多，而且有翅，一看就能辨别。雌蚁的头部和腹部比雄蚁大，也容易区分。刚羽化的有翅蚁，翅和身子都很软弱，要慢慢地硬起来。

　　晴朗的午后，广大的蚁丘顶上，或巢旁隙地，有刚从蛹壳蜕出的有翅蚁，欣欣地挤轧着。从狭狭的户口，窥望艳丽的阳光，你挤我推，终于挤了出来，在蚁丘上散步，有的半张着薄绫似的翅，东奔西跑。做保姆的工蚁，弄得手忙脚乱，追赶这些顽皮孩子，捉住它们的足和触角，拖向巢中。一天又一天，到外面来的散步青年也渐渐多起来，做保姆的更觉得号令不动了。

　　闷热的夏天午后，青年雌雄蚁的恋爱激情，已达到顶点，突然有千百成群的有翅蚁，从巢口涌出来。集成黑簇簇的一堆，遮住了巢，遮住了附近，拍着银光的美翅，向树枝草茎飞去。这时节，保姆真是焦急万分，东奔西跑，但要这等因恋爱而发狂的青年们再归平静，已不可能了。

　　不久，这些青年们向广大无边的天空礼堂飞上去，再在空中集合，作恋爱的乱舞。凡是住在这一带地方的雌雄蚁，全体参加婚礼，所以在乱舞中的蚁群，真同云霞一般。

▌蚁的空中婚礼现场

　　空中礼堂，充满了热爱和欢喜，全没有地上的憎恶、敌意。即使在地上是仇敌，这时也同祝一生一度的盛典。

　　雌蚁在这一天中，和多数雄蚁相交，受得终生不会缺乏的多量精子。雌蚁的腹部有一个精子囊，专藏雄蚁们的精子，过几年都不坏。雌蚁可以随时照自己的意思，产生受精卵和不受精卵。

　　蚁的空中结婚，实在多少有一点优生的意味，因为这时可和别团体的强健的蚁结婚，对生物进化来说是必要的。就进化程度讲，蚁的确立在虫界的顶点，也许就是空中结婚的缘故。

育儿

空中结婚完毕，又降到地面。新郎雄蚁，凄清地在地上彷徨，再过两三小时，至多两三天，便死去了。

新娘雌蚁，潜入地中或树皮下，造一间小小的房子，和外界断绝一切关系，开始过它的隐遁生活。不过这隐遁生活，不是厌世，不是逃罪，是为了养育孩子。从卵孵化的幼虫，到变成虫，要一两个月。这期间，做母亲的雌蚁，决不外出，也不采集食物，专心保护和养育孩子，没有片刻休息。

那么在这一两个月的漫长时间里，就算雌蚁能绝食，养幼虫的食物又该怎么办呢？雌蚁曾在空中飞过的翅，这时已成无用的废物，就将它摆落，这上面有扇动翅用的大肌肉。可怜的母亲，消费这肌肉和预先贮藏着的脂肪等，以保全自己的生命和养育孩子。

这样长成的蚁都是工蚁，而且营养不良，身体瘦小。这工蚁立刻在小房间的墙壁上穿一个洞，到外面去运饵养亲。此后，有的走到母蚁身边，用食料喂它；有的建造新屋，扩张巢穴。于是，母蚁恢复健康，精神振作，专门产卵了。产下的卵，工蚁立刻搬到新房间里去，一心保育。之后出生的幼虫，要由做姐姐的蚁们来养育了。

在红日初升的早晨，工蚁把卵、幼虫、蛹搬到近地面的房间，傍晚又搬到下层房间去，下雨时，也搬到下层，以避水患。若突然将盖着的石片和朽木拿去，工蚁就大起恐慌，丢下一切，衔了卵、幼虫、蛹去找安全地带。可见它们姐弟妹间的感情，并不低于母爱。因为工蚁都是雌性，它们可没有哥哥。

搬家

当蚁巢被顽皮孩子掘穿，或遭到霉菌侵入，或造在树干上的巢被啄木鸟袭击时，蚁们就另寻安全地点而开始搬家了。

夏日在田园中散步时，常看到有蚁的队伍。这种蚁队大概可分两类，一类是搬运食料回去，另一类是搬家。搬家时，蚁们必定衔着白色的小卵、幼虫、蛹，所以很容易辨别。

将要搬家时，工蚁先分头在附近奔跑，寻找适合居住的场所。找到后，立刻回去，着手搬运幼虫和蛹等。同伴要是不知道新住所在哪里，就由发现者领过去。它们的领路法很有趣，就是把同伴衔过去。我们常常看到，领路者用自己的上颚，咬住被领者的上颚，倒退一拖，被领者就翘着腹部，倒挂在领路者的身下。于是，它就衔着同伴，一路向新住所跑去。有几种蚁的搬法恰恰相反，领路者咬住同伴的背脊，像老猫叼小猫一样。

这样被衔来的工蚁们，先将这住所察看一遍，赶忙沿着刚才的来路，径直跑回旧巢，搬运幼虫和蛹，或再引导其他同伴。

工蚁们把新住所准备完成后，要引导蚁后和雄蚁到这里来。但蚁后的身体要比工蚁重几倍，总不能咬住了运。因此，工蚁咬住蚁后的上颚、触角、足等，一面倒拖，一面让它认识新住所的方向。也有观察是，蚁后在队伍中自行前进，并不需要工蚁拉扯。

▎衔着幼虫搬家的工蚁

搬家要两三小时乃至一昼夜，方才完毕。这时，全家协力，有的搬运，有的开掘新隧道，没有什么争执和不平，真是全体一致总动员。

▎分工合作、井井有条的蚁穴内部

武　器

谁都知道蚁是好斗的昆虫。它们常常为了蚜虫的甘露、昆虫的尸首或是地盘而拼命争斗，所以身上都带着战斗用的各种武器。因蚁的种类不同，武器也有各种形式。

（一）足。蚁足的敏捷，着实出乎意料。有时它们运足如飞。我们到新加坡、爪哇等地方去旅行，见了那些蚁的活动情形，真是吃惊，你想去捉在路上走的一只大蚁，它的同伴就箭一般飞来，在你手上咬一口。它的行动，快得让你看不清楚。这等敏捷的足的动作，就是勇敢的行动、攻击的态度的根基。

（二）上颚。蚁的第二武器是它的上颚。形状千差万别，有适合搬运用的、穿孔用的、切断用的等。有些不仅能咬，还能作威吓用，同时又作跳跃用。短的上颚适合搬运，长的适合攻击和防御。像收获蚁和大头蚁，上颚的构造不仅适于切断种子和猎物，还可咬住敌人或屠杀敌人。上颚锐利的，适合切断树叶，同时可供切碎敌体用。上颚末端有刺的,适合搬运、造巢、咬住大蚁。像游蚁这类上颚弯曲的，与其说用于和别种蚁争斗，倒不如说是为了攻击哺乳动物而发达的。

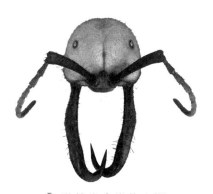

▌游蚁类夸张的上颚

（三）螫针。蚁有螫针的也不少。这对于有结缔质体躯的敌人，好像毫无用处。可是，像蚁亚科蚁属的蚁，腹部比较柔软，遇上这类蚁时，用螫针屠杀，毫不费力。总之，不管身体的哪一部分，只要螫针刺得进去，就一定能将敌人杀倒。所以有螫针的蚁，见了敌人，常常举起尾端，做刺蜇的准备。

（四）毒液。属于蚁亚科蚁属的蚁，都没有螫针，只在尾端有毒腺。这腺体分泌蚁酸，贮藏在贮液囊里。我们发掘蚁巢，有时臭气扑鼻，这就是蚁酸的缘故。这种蚁酸毒得很，若涂上蚁身，无论分量如何，立刻倒毙。像那种红褐林蚁，常滥用这毒液，反之弓背蚁、亮毛蚁是不大用的。

有一种蚁，能举起后肢，对着在某距离内的敌人，准确地发射毒液。臭蚁毒腺多退化。另有一种蚁的臀腺很发达，从这腺分泌出来的汁液，有一种香气，而且不久便像树脂般凝固。将这汁液涂在敌人的触角上，能破坏对方的嗅觉机能，仿佛人类放催泪瓦斯妨碍敌人视觉一样。臭蚁要达这种目的，腹柄细而灵活，可以向任何方向旋转。因此，腹柄上的结节，并不发达，即便有，也是退化得非常扁薄。

（五）五官。辨认敌蚁和友蚁全靠五官的活动，而五官之内，尤其是嗅觉最能指导蚁的行动。若将司嗅觉的触角切断，那么它什么行动都不中用。触角上有感觉孔、触毛、栓状突起，上面都有神经末梢分布。它们能够战斗，全靠这发达的嗅觉。

同种间的战斗

　　蚁类的战斗性，常因种类、离巢距离而有强弱。像斗士悍蚁（又称武士蚁），即使在千百成群的敌阵中也毫不畏惧，又像 *Formicoxenus* 属的蚁、切叶蚁，连保护自身、防御巢穴的战斗能力都没有。蚁巢中蚁的数量越多，蚁的冒险心、攻击心越炽盛。小蚁刚开始造巢时，胆子很小，即使塞住了巢，也多躲着不敢争斗。蚁离巢渐远，勇气越丧失，要是在自己巢口遇到同伴，就又立刻壮起胆来。

　　战斗也分防御和攻击两种。像拖着身子迅速逃走、缩着脚装死、将巢移到远处、用土块等堵塞巢口等，都是弱蚁在防御时应用的兵法。至于巢口设置守卫，用上颚防御，像红褐林蚁在傍晚用木片堵塞巢口，早晨移开，那更是防患未然了。

　　勇敢而嗜斗的蚁，多采取攻击战略。它们巢穴大，蚁多势众，战斗的目的是要通过破坏的行动来扩张领土，有时是为了争夺有蚜虫栖息的牧场。

一只跳镰猛蚁的工蚁正在和别巢的一只跳镰猛蚁蚁后扭打在一起

它们的战斗，也和人类社会一样，不能照着预期而成功。有时双雄相遇，旗鼓相当，大家杀得人困马乏时，虽胜负未定，也会突然停战。它们的讲和条件，好像是说定将来双方不得再侵略领土。但记忆常会跟着时间的流逝而淡下去，于是，第二年再来一次大厮杀。

同种间也好战斗的，是红褐林蚁，它们双方的战法，也一模一样，而且常发生在两巢相近的时候。现在把弗雷尔所观察到的，大略地记述在下面：

这里有同属于山中红褐林蚁的甲、乙、丙三巢。甲巢的住民，比乙、丙两巢少。乙巢在甲巢的左方，相离一米，丙巢在甲巢的右方，相离三米。它们都还没有孩子和蛹。早晨八点钟左右，乙蚁向阳取暖，并无任何异状。甲蚁也开了巢口，到乙蚁这儿来。可是，误走入甲蚁群中的乙蚁，立刻被捕，受毒液的注射，最后被杀死。还不到半点钟，像有什么警钟似的，乙蚁逐渐兴奋起来，有些工蚁向甲巢门口窥探一下，立刻回来，大概是警戒同伴。一方面，甲巢的蚁，本在和平地晒太阳，也立刻开始准备，在附近草原上，布起战阵。

起初虽是前锋小接触，但乙蚁的确像是被激怒了一般，都有奋身赴战的态度。它们组成密接纵队，开拔到巢的左侧，帮助同伴，捉住敌人拉到阵后去屠杀。这时，甲蚁的战阵也完全布好。从八点半到九点半，阵地不变。甲巢逐渐增添援兵，战斗越发起劲。甲巢蚁虽少，采取防御战法，但决不退却。

单行的前卫，由三只至七只蚁组成。它们都贴地伏着，努力将敌人向自己阵地拉去。同时，工蚁也弯曲着尾尖，发射毒汁，来拦住敌人的攻击。战事方酣时，竟有蚁咬住自己的同伴，误认作敌人。后来通过触角认清是同伴，方才不发射毒汁而释放。一入混战状况，就有种种事故发生，这些都是由认识不足而起。这时，无非是双方被拉到敌阵，遭屠杀罢了。红褐林蚁的工蚁有多态现象，即存在体形大小不同的工蚁。小工蚁若碰到大工蚁，吃它上颚一击，立刻头破胸穿。它们逐渐把连锁状的阵形向前移进，为征服乙蚁而奋斗。这时，甲蚁捕获的俘虏虽不多，但留在巢里的蚁群倒很平静，好像不知道外面已起了变故。一过九点半，乙蚁勇敢地反攻，冲破甲蚁的前卫，逼它们退到离巢只有半分米光景的地方。这里有枯叶、小枝，可作为堡垒，守住最后的阵线。这时，甲巢中起一种悲哀的动摇，因为敌军已临城下。巢边的工蚁，张着上颚，把触角摇几摇，左右前后乱窜，好像它们要弃巢而逃似的。可是，正在这危急万分的当儿，它们的大工蚁像听到什么警钟似的，从各房涌出来，有决不使领地寸尺让人的气概。它们延长前阵的两翼，对乙蚁做侧面攻击。乙蚁虽已捉得几百俘虏，但总不能冲开甲蚁的后阵。战事愈酣，领土的一部分，已被蚁的连锁队掩住，呈混战状态。

到十点半左右，在枯叶小枝前面的乙蚁看去已经支持不住。它们不得已抛弃以前占领的场面，缩短防线，而退却了。甲蚁不管乙蚁的反抗，乘胜追击。到十二点左右，甲蚁终于冲到了乙蚁的大本营。这时乙蚁起纷乱状态，向周围牧场间东奔西窜地乱逃。换一句话说，甲蚁已征服了乙蚁，战斗已告结束。甲蚁中止追击，这是什么缘故呢？因为丙蚁也在草荫下布好战阵了。

甲蚁乘胜再向丙蚁挑战。丙蚁没有援兵，甲蚁已战得十分疲劳，所以甲蚁只取守势，并不进攻，而丙蚁已开始退却。到下午三点钟左右，它们已有逃避的行动表现出来。这次战斗，终因战士的缺乏而草草终结。

两天之后，弗雷尔将一群甲蚁放在丙蚁临时巢的近旁，让它们去包围。甲蚁就把丙蚁从巢中拖出，杀死大半。这剩下的小群丙蚁，也同乙蚁一样逃避，到某处再筑小巢，在内居住。这里应该注意的是：这种蚁常要乘胜追击，对半死不活的敌人都不肯放过。

异种间的战斗

　　蚁类中的战法，也因种类而各异，所以当战斗发生在异种间时，也是五花八门，好看得很。

　　前节讲过的红褐林蚁和血红林蚁的战斗状态，要算最好看。血红林蚁，没有什么前卫之类的，是采用急激突进攻击法的。当红褐林蚁集成一团，作前进攻击时，血红林蚁退却，回敬一个拿破仑式的侧面攻击。有时以惊人的勇气，冲过后卫，直捣中军，将在左右前后的，一齐推倒。可是，这种行动并不是无规律的，而且对于在混乱中窜逃的敌人，并无伤害。所以血红林蚁的作战法，无非是要搅乱红褐林蚁的密集团体。当血红林蚁以不及半数的兵力顽强攻击时，红褐林蚁已浪费许多精力和时间，疲惫不堪了。机敏的血红林蚁，一看到敌人的弱点和狼狈样子，就趁虚作勇敢的袭击。它们能单身冲入敌阵中，以加倍的速度和勇武，左冲右突，将敌人推倒。红褐林蚁因援兵不到，张皇失措，露出无法保护孩子的狼狈相时，血红林蚁猛然飞奔过去，抢夺孩子。即使敌人是小小的工蚁，或是单枪匹马，红褐林蚁已没有去夺回来的勇气。血红林蚁自觉得胜，排齐队伍，带了俘获品，悠然凯旋了。

弗雷尔曾把家蚁的巢，放在离大头蚁巢一分米处。这时，就像巢中敲过警钟般，几百只大头蚁，涌到敌人面前来。可是，家蚁方面也不示弱，身躯也强健，以压倒之势杀戮大头蚁，更进逼敌巢。看到大头蚁毫不抵抗地被咬杀，受毒刺。多数大头蚁的兵蚁来了，张着上颚，把头左摇右摆，一面示威，一面行进。家蚁终于退却。这些兵蚁提防着上颚不被家蚁攀住，同时努力想咬它们的背部。若项颈被它的上颚一轧，家蚁的头一定滚落。但如果大头蚁的兵蚁和家蚁一对一打斗，胜利倒属于家蚁，尤其是家蚁咬住大头蚁的上颚时，它因为眼睛看不到，无法抵抗。即使家蚁退到巢里，大头蚁的兵蚁占据了这巢，但结果还是由许多工蚁，将它们的尸体拉回巢去。

据弗雷尔的研究，蚁的战斗本能不是先天的，因为青年蚁毫无战斗能力。蚁能够分辨敌人和同伴，也是颇后的事。这种辨认的根据，大概以身体上固有的气味为主，而青年蚁是没有气味的。战斗性的强弱，和集团的大小有直接关系，因为敌己两只蚁在路上相遇时，也不争斗，互相避开，各向一方走去；在战斗中，把双方蚁各取出一只，放入同一个箱中，它们也不争斗。反之，若双方各取几只，放入同一个箱中，它们便起争斗；但不激烈，而且时间不长，不久，它们就结盟了。

法国文豪罗曼·罗兰曾发表一篇题名《到蚁那边去》的著作，里面有这样一段，就引来做本节的结尾：

本能这种东西，不是进化的出发点，是中途产生的；换一句话说，本能也在随时进化；战斗的本能，不是根深的原始的东西，蚁类里面，尤其有战斗蚁的种类，常将本能训练和改进。不想，人们本以为自己君临一切，但比人类社会更进步的蚁类社会中，有许多可学的地方。只教人们肯把尘埃满布的窗子推开就好了。

犯罪

蚁类中也有靠种种犯罪行为过活的。最明显的是一种抢劫的强盗生活，就是当某种蚁采集了食物，正准备运回家去的时候，突然被拦住去路、抢劫食物的犯罪生活。臭蚁社会中，大多过这种生活，栖息在收获蚁附近，强夺它们采集来的食物。

它们什么时候学会过强盗生活的呢？这总不是原始的生活方式，大概是偶然在某时学得的。而且，这些蚁也不是专靠抢劫。它们有时拾取别种蚁采来的食物残屑，也有的自己到森林中去吃蚜虫的甘露。它们起初把抢夺作为副业，后来因为这种生活实在惬意，于是本业荒废，副业发展起来了。

臭蚁中的酸臭蚁常常攀登叶上，等待红褐林蚁们争斗而死，把尸体运回家去。大概因为它们是弱者，无力抢劫吧！所以它们过的不是纯粹的强盗生活。

偷窃生活比抢劫生活要复杂得多。最初发现蚁类中有这等现象的，是弗雷尔。就是某种微小的黄蚁，在别种蚁的巢旁造一个巢，再开通一条细的隧道，沿着隧道去偷别种蚁的孩子吃。这隧道不妨称为盗径，因为细狭得很，大的蚁不能通行，因此无法攻击小蚁。它们即使发现自己的孩子已被拖向盗径，也束手无策，徒唤奈何。这种小黄蚁，是火蚁属的一种。此外，别种小蚁也有同样的行为。

畜 牧

我们人类为了要取肉、乳、毛等而养牛、猪、羊，有些为了取蜜而养蜂。蚁类社会中，也有相似的行为。庭前的蔷薇上，有蚜虫缀着，主人便要慌忙驱除，但竟有帮助作恶者的，这就是蚁。蚁拼命照顾蚜虫，就是为了要吃它分泌的蜜。

保护蚜虫的蚁有两种类型：一种像亮毛蚁，照料蚜虫，蚜虫用长长的吻（有的吻比身子长两倍）插进树皮吸汁液，蚁则领受甘露，作为劳动的报酬；另一种像黄蚁，不大到地上来，在树根上造巢，把大的蚜虫养在巢内。

▌从蚜虫身上吸食蜜露的蚁

一到夏天，蚜虫常想沿着树根爬上去。当它们爬到树根附近，黄蚁就在它周围建造泥墙，预防外敌侵害，有时还将蚜虫拉到树皮下面。若有顽皮孩子去捣毁巢穴，蚁们便急忙拖了蚜虫向安全地带逃。有时蚜虫把长吻插进树皮后，一时拔不出来。工蚁们便一齐动手，帮它拉出。

此外像美国的某种举腹蚁，常在松枝间造一个黄板纸似的巢，在里面养一种介壳虫，吸食介壳虫分泌出来的甘蜜。澳大利亚有一种蚁（*Papyrius nitidus*）用木片在树干上造一条厚厚的隧道，在里面牧畜木虱——木虱和蚜虫相似，除能够跳跃外，它们触角的末端二分，也能从肛门分泌甘露，为蚁所嗜。至于小灰蝶的幼虫，受蚁的保护，前面已经讲过，这里就省略了。

蚁这样饲养昆虫，喝取甘露，实在和人们的畜牧、养蜂相仿。

农业

蚁还会巧妙地经营农业，最闻名的是北美得克萨斯州和墨西哥产的收获蚁。

这种蚁能够栽培一种叫"蚁米"的植物——和燕麦相似。它们的栽培法，是将巢周围的杂草刈去，只留着"蚁米"，等待它长成结实。当这植物果实成熟时，就收获了运进巢内，贮藏在一定的房间里。虽然原始，但这确实是一种农业。

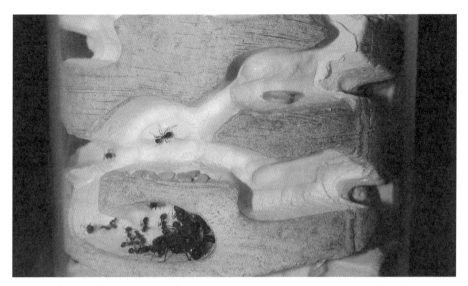

人工蚁穴中的一个收获蚁种群。图中可以看到储存在蚁穴中的谷物

　　这种蚁还爱吃坚硬的果实。不过果实一抽芽，就会被丢到巢外去。从前有人认为是蚁在播种，经种种研究，方才知道蚁厌恶这种发芽的果实，所以才丢弃。

　　此外，收获种种谷物的蚁也颇不少。尤其是北美、南美、非洲等地，有种种有趣的蚁。据说有一种蚁，常把贮藏的谷物，搬到巢外去晒干，和我们晒谷一样。

　　此外还有经营特种农业，栽培菌类的蚁。这种蚁叫切叶蚁，产在南美，用树芽造成菌园，栽培一种菌类。它们巢中有至少四种体形的工蚁。大工蚁外出去切取绿的树叶，运回巢来。这时，它们用口咬着叶片的一端，旗帜似的竖在头上，排成了长长一行走去。到巢后，交给小工蚁。小工蚁将它细细嚼碎，放在特别的房内。若巢上有自然生长的菌类，那就要由小工蚁负责照料。

切叶蚁运送树叶的现场和搬运姿态

　　菌园中也有杂草和杂菌发生，所以这劳动者也颇有点辛苦。不久，菌丝渐渐伸长，尖端像圆瘤似的膨大，里面有许多蛋白质丰富的养分。这就是蚁的食物，尤其是幼虫唯一的食物。这样造成的菌园，面积占全巢的四分之三。蚁类的农业，实在发达得可叹。

奴隶

　　蚁类社会中，值得大书特书的，就是使用奴隶。畜奴的蚁也不少，最有名的是斗士悍蚁。它们把日本弓背蚁作奴蚁，由奴隶们替它们造巢、采食、养育孩子。因为奴隶的寿命只三个月左右，所以它们不得不常常出去捕捉奴隶来代替。充奴隶的蚁，并不限于某一种，总之，被征服的，就有做奴隶的运命。奇妙的是：它们决不捕掳成虫，因为它们不能和主蚁同居，而且常要逃走。那些忠实的奴隶，都是由捉来的幼虫和蛹化成的。在它们巢里长大的成虫，忘却了自己的身份，服从命运，替主蚁造巢养育孩子，采办食物。不论怎样，它们决不会要求解放和自由。

这些奴隶的职务，不必根据主人命令来分配，它们也和别巢的工蚁一样，是一种机器人。它们的操作，当然不是被什么"不劳无食"的法律束缚，它们不过是比驮人载货的牛马更进一步的机械：外出，替主蚁采集食物，搬运回巢；在内，将食物喂给主人，忠心耿耿，绝不偷懒。有时奴隶被主蚁带着，去征伐自己同族的巢，攻进去，掠夺孩子和蛹，这时，它们不知道俘虏中有自己的兄弟姐妹在内，只盲目地跟着主蚁去做。

主蚁饥饿时奴隶立刻走来喂它。武士蚁因此养成一种依赖的习惯，若奴隶不在跟前，哪怕有食物自己也不吃。所以，要是把它放在高高的树枝上，没有奴隶，它只能饿死。

▎一只佐村悍蚁的工蚁叼着作为俘虏的别巢蚁蛹

关于使用奴隶，也有一时的、永久的、退化的三种：

（一）一时的使用。这种主蚁，只偶尔去捕捉几回奴隶，没有奴隶时，也会独立生活。这种形式，在使用奴隶的蚁类中，算是不成熟的，不发达的。某种林蚁使用奴隶，就是一时的使用。它们每年举行两三次的奴隶狩猎，早上出发，傍晚回来。被捉去当作奴隶的，是广布全世界的日本弓背蚁。

当林蚁征伐日本弓背蚁的巢穴时，常呈直线进行，从不迂绕，好像预先侦查过似的。在前锋的林蚁，到达日本弓背蚁的巢后，在全体未到齐前，决不着手侵入。于是，日本弓背蚁纷乱起来，衔着孩子出巢，想突围逃走。不久，因为林蚁要抢孩子，不免有一场肉搏。但是，日本弓背蚁到底敌不过林蚁，林蚁就乘胜涌入巢里，抢夺大的孩子和蛹。循着原路回来时，它们嘴里都衔着孩子和蛹，列队而行。这些掠来的孩子中，也有将来可成蚁后和雄蚁的。这些都被它们吃完，只留下可成工蚁的。不久后工蚁长成，就是奴隶。

真奇怪，从妈妈手中被抢去的孩子，真所谓"不念生恩念养恩"，拼命替主蚁工作。不过，蚁类中的奴隶和人类的奴隶，大不相同，没有束缚自由、强迫工作等事，它们已是巢里的一分子，生活的方式是平等的，生活权也是平等的。

（二）永久的使用。像武士蚁这样上颚退化成镰刀状，专作战斗时的武器用，不能营巢、育儿，连食物都不会自己吃，故必须永久地使用奴隶。这种武士蚁，欧洲常能见到，在亚洲也分布很广。它们捕获奴隶的远征，总在午后，而且充奴隶的，也是日本弓背蚁。使武士蚁口器这般退化的原因，是像法国博物学家拉马克所说，是使役奴隶的结果呢？还是像吉弗利斯所说，是突然变化而成的呢？

现在大家还在争论不休。

（三）退化的使役。欧洲有一种威蚁，上颚变化，末端同镰刀似的尖锐，将家蚁作为奴隶，它们常在夜里带了奴隶，出发征伐家蚁。而冲锋陷阵的，全靠这班奴隶。真不懂，这样弱的威蚁，在原始时代，怎样征服强的家蚁，怎样使用它们的呢？有一种威蚁，已经不捉奴隶，纯粹过寄生生活了。所以，使用奴隶的那种威蚁，若退化状态再稍稍进展，该有什么结果，总也想象得到。这种就叫作退化的使役。

蚁类社会中最和我们人类社会相像的，就是这种畜奴制度，是在别的生物界中所不能看到的特殊现象。主蚁和奴隶间的服务情形，也大有差别：某种奴隶，反而受主蚁不少的帮助，像那种林蚁的奴隶，看去好像颇快乐似的，反之，武士蚁的奴隶，则颇辛苦，不论巢内巢外，全要服役。

奴隶是主蚁的重要财产、手足、工具、机械，故主蚁也周密地保护它们，当搬家时，也把它们衔了走。

贮蜜

蚁类中，也有像蜜蜂一般，采集花蜜而贮藏的储蜜蚁。它们不是单独的一类蚂蚁，而是几类具有相似习性的蚂蚁的统称，彼此之间并不一定有亲缘关系。

储蜜蚁的工蚁有两种：一种和普通的工蚁一样，是劳动者；另一种肚子大得很，完全是贮蜜的桶（贮藏蚁）。普通工蚁外出去，孜孜不倦地活动，从草木等吸蜜回来，嘴对嘴地将蜜交给贮藏蚁，贮藏蚁将蜜藏入嗉囊；贮蜜越多，肚子越膨胀，最后变成一个圆球。

贮藏蚁住在专门的房间。凡肚里装满了蜜的，就挂在天花板上，看去真像一排一排的葡萄。有时从天花板上落下来，自己无法爬上去，于是许多工蚁一齐动手，将它扛上去。

那么这许多蜜是从哪里采来的呢？大部分不是从蚜虫身上榨取的，就是从几种寄生小蜂的幼虫在树叶上造成的虫瘿上采集来的。这种虫瘿，夜里分泌甘露，蚁去舔舐，装得满肚回巢。

这种蚁住在澳大利亚、美洲和非洲的沙漠地区，那些地方干旱期很长，一时无法向外界求蜜，所以工蚁趁有蜜的时候拼命采集，交给贮藏蚁保存。到外界无蜜时，巢内的蚁，都到贮藏蚁的房间里来求蜜，于是，贮藏蚁立刻嘴对嘴吐出蜜来喂它们。

挂在天花板上的贮藏蚁，晶莹剔透的肚子圆鼓鼓地装满了蜜

图片来源列表

作者提供
页码 74、页码 157、页码 172

审校老师汤亮提供
页码 54 蛹图、页码 66 中图、页码 80、页码 153 下图、页码 158、页码 184

Wikimedia Commons 收藏
页码 1（同页码 16）：Bernhard Plank，遵守 CC BY-SA 3.0 协议
页码 2：Marco Almbauer，遵守 CC0 1.0 协议
页码 4：《自然学家图书馆·第六卷·昆虫学》插图，1840 年发行。选作插图时有改动
页码 8：Richard Lydekker（1849—1915）
页码 9 上图：Filippo Turetta，遵守 CC BY-SA 4.0 协议。选作插图时有改动
页码 13：Clematis，遵守 CC BY-SA 4.0 协议。选作插图时有改动
页码 17：Subbu Subramanya，遵守 CC BY-SA 4.0 协议
页码 18：Bien-Zenker GmbH，遵守 CC BY-SA 4.0 协议
页码 19：Desmond W. Helmore，遵守 CC BY-SA 4.0 协议
页码 20：John Nugent Fitch（1840—1927）。选作插图时有改动
页码 22：John Curtis（1791—1862）。选作插图时有改动
页码 24：John T. Huber，Nurul Islam，遵守 CC BY-SA 4.0 协议。选作插图时有改动
页码 40（同页码 52）：コミスジ空港，遵守 CC BY-SA 2.0 协议
页码 42 左图、页码 63、页码 141 左图、页码 202：Alpsdake，遵守 CC BY-SA 4.0 协议
页码 42 右图、页码 44、页码 141 右图：KENPEI，遵守 CC BY-SA 3.0 协议
页码 43：Ian Kirk，遵守 CC BY-SA 2.0 协议
页码 45 左上图、页码 54 下图：Hectonichus，遵守 CC BY-SA 4.0 协议
页码 45 右上图、页码 140 图①及图⑥、页码 170 下图：Charles J. Sharp，遵守 CC BY-SA 4.0 协议
页码 45 下图：Milind Bhakare，遵守 CC BY-SA 4.0 协议
页码 46：印度班加罗尔农业科学大学生态与保护学院，遵守 CC BY-SA 3.0 协议
页码 47：Pokopong，遵守 CC BY-SA 4.0 协议
页码 49 右图：冈部硕道
页码 49 左图：作者佚名
页码 50：Sven Damerow，遵守 CC BY-SA 4.0 协议
页码 51 左图、页码 54 幼虫图：James K. Lindsey，遵守 CC BY-SA 3.0 协议
页码 51 右图：Ilia Ustyantsev，遵守 CC BY-SA 2.0 协议
页码 53：Lsadonkey，遵守 CC BY-SA 4.0 协议
页码 54 卵图、页码 61 右图：Harald Süpfle，遵守 CC BY-SA 3.0 协议
页码 54 成虫图、页码 59 左右两图：Didier Descouens，遵守 CC BY-SA 4.0 协议
页码 56：Jacob Hübner（1761—1826）
页码 57：Mistiqueinque
页码 58：Subhash Pulikkal，遵守 CC BY-SA 4.0 协议
页码 60：Rahans，遵守 CC BY-SA 4.0 协议
页码 61 左图：Kristian Peters，遵守 CC BY-SA 3.0 协议
页码 66 上图：Chinmayisk，遵守 CC BY-SA 3.0 协议
页码 71：Namazu-tron，遵守 CC BY-SA 3.0 协议。选作插图时有改动
页码 72、页码 166、页码 170 上图：池田正树，遵守 CC BY-SA 3.0 协议
页码 73：Takahashi
页码 75：Chris Simon，遵守 CC BY-SA 3.0 协议
页码 78：Alfred
页码 89 左图：Heinz Albers，遵守 CC BY-SA 3.0 协议
页码 89 右图：Hectonichus，遵守 CC BY-SA 3.0 协议
页码 93：Heinz Albers，遵守 CC BY-SA 3.0 协议
页码 97：Tavo Romann，遵守 CC BY-SA 4.0 协议
页码 100（同页码 107 右图）、页码 107 左图、页码 109：James Gathany
页码 104：Steffen Dietzel
页码 105：美国疾病预防与控制中心。选作插图时有改动

页码 106：Mariana Ruiz Villarreal 绘，Sumtec 翻译
页码 112：Xavier Vázquez，遵守 CC BY-SA 3.0 协议。选作插图时有改动
页码 115 上图及中图：作者佚名
页码 115 下图：Bengt Nyman，遵守 CC BY-SA 4.0 协议
页码 118（同页码 127）：作者佚名，遵守 CC BY-SA 2.0 协议
页码 120：Peterwchen，遵守 CC BY-SA 4.0 协议
页码 121：Alan R. Walker，遵守 CC BY-SA 3.0 协议
页码 122 左右两图：Notafly，遵守 CC BY-SA 3.0 协议
页码 124 左右两图：Amedeo J. E. Terzi，遵守 CC BY-SA 4.0 协议。选作插图时有改动
页码 126：Beatriz Moisset，遵守 CC BY-SA 4.0 协议
页码 128 上图：Janet Graham，遵守 CC BY-SA 2.0 协议
页码 128 下图：英国自然历史博物馆，遵守 CC BY-SA 4.0 协议
页码 133：André Karwath，遵守 CC BY-SA 3.0 协议
页码 134：LoKiLeCh，遵守 CC BY-SA 3.0 协议
页码 136（同页码 140 图⑤）、页码 140 图②及图③：Johnsonwang6688，遵守 CC BY-SA 4.0 协议
页码 140 图④、页码 168：Matsumomushi
页码 140 图⑦：Navian
页码 142：Open Cage，遵守 CC BY-SA 3.0 协议
页码 145：Holger Gröschl，遵守 CC BY-SA 2.0 协议
页码 148：Didier Descouens，遵守 CC BY-SA 4.0 协议
页码 153 上图：LiCheng Shih，遵守 CC BY-SA 2.0 协议
页码 154：Wofl，遵守 CC BY-SA 3.0 协议
页码 169 上图：Alvesgaspar，遵守 CC BY-SA 3.0 协议
页码 169 下图：Crisco 1492，遵守 CC BY-SA 3.0 协议
页码 175：Harold Maxwell-Lefroy（1877—1925）
页码 178、页码 180：CSIRO
页码 194：Tokoro Koko，遵守 CC BY-SA 3.0 协议
页码 198（同页码 203 上图）：作者佚名，遵守 CC BY-SA 3.0 协议
页码 200：Ben Sale，遵守 CC BY-SA 2.0 协议
页码 201 上图：《俄罗斯和西欧的甲虫》插图，1905 年发行
页码 203 下图：ruebezahl，遵守 CC0 1.0 协议
页码 204：Udo Schmidt，遵守 CC BY-SA 2.0 协议
页码 215—216：Katja ZSM，遵守 CC BY-SA 3.0 协议
页码 223：Basile Morin，遵守 CC BY-SA 4.0 协议
页码 224：Nicola Angeli/MUSE，遵守 CC BY-SA 3.0 协议
页码 225：NoahElhardt，遵守 CC BY-SA 4.0 协议
页码 227：Mike Lewinski，遵守 CC BY-SA 2.0 协议
页码 231：作者佚名，图源 AntWeb.org，遵守 CC BY-SA 4.0 协议
页码 233：Kalyan Varma
页码 239：Dawidi，遵守 CC BY-SA 3.0 协议
页码 241：Grook Da Oger，遵守 CC BY-SA 3.0 协议
页码 242 左图：François Bianco，遵守 CC BY-SA 3.0 协议
页码 242 右图：Scott Bauer
页码 243：Taku Shimada，遵守 CC BY-SA 4.0 协议
页码 246：Greg Hume，遵守 CC BY-SA 4.0 协议

视觉中国
页码 7 左右两图、页码 9 下图、页码 12、页码 14、页码 15 左右两图、页码 23、页码 26、页码 30、页码 31、页码 33、页码 36、页码 38、页码 66 下图、页码 68（同页码 84）、页码 76、页码 81、页码 86（同页码 88）、页码 90、页码 96、页码 99、页码 113、页码 116、页码 131、页码 144、页码 147 左右两图、页码 150、页码 155、页码 160、页码 173、页码 176、页码 182（同页码 188）、页码 185、页码 186、页码 187、页码 191、页码 193、页码 196、页码 206、页码 210、页码 212、页码 214、页码 218（同页码 230 上图）、页码 221、页码 230 下图

其他来源
页码 37：周颖琪
页码 77：周颖琪、黄筠媛
页码 201 下图：Kirill V. Makarov

昆虫漫话：科学修订版

作者 _ 陶秉珍

产品经理 _ 吴亚雯　　装帧设计 _ 廖淑芳　　产品总监 _ 周颖琪

封面插画 _ 大风　　技术编辑 _ 顾逸飞　　责任印制 _ 刘淼　　出品人 _ 王国荣

营销团队 _ 张超、易晓倩、董佳旎、李宣翰、张宇

鸣谢

汤亮（大城小虫工作室）、赵金娇

www.guomai.cn

以 微 小 的 力 量 推 动 文 明

图书在版编目（CIP）数据

昆虫漫话：科学修订版 / 陶秉珍著. -- 北京：中国华侨出版社, 2024.4

ISBN 978-7-5113-9165-0

Ⅰ. ①昆… Ⅱ. ①陶… Ⅲ. ①昆虫学－青少年读物 Ⅳ. ①Q96-49

中国国家版本馆CIP数据核字（2023）第237576号

昆虫漫话：科学修订版

著　　者：陶秉珍

责任编辑：刘晓静

执行印制：刘　淼

经　　销：新华书店

开　　本：710mm×1000mm　1/16开　印张：16.5　字数：179千字

印　　刷：北京盛通印刷股份有限公司

版　　次：2024年4月第1版

印　　次：2024年4月第1次印刷

印　　数：1—6,000

书　　号：ISBN 978-7-5113-9165-0

定　　价：68.00元

中国华侨出版社　北京市朝阳区西坝河东里77号楼底商5号 邮编：100028

发 行 部：021-64386496　　　传　真：021-64386491

网　　址：www.oveaschin.com　E-mail：oveaschin@sina.com

如果发现印装质量问题，影响阅读，请与印刷厂联系调换